新疆农业职业技术学院现代学徒制试点学徒岗位教材

宠物美容学徒岗位手册

孟小林　主编

中国农业大学出版社
·北京·

内容简介

本书作为宠物养护与驯导专业学徒制宠物美容生产方向的教材，所对应的工作岗位是宠物美容岗位。教材主要针对刚入职的宠物美容师的基本知识和技能进行学习，包括6部分内容：第一部分是步入企业，主要讲述学生进入企业的时候对行业、企业的认识；第二部分是认识岗位，主要是对岗位工作的认识；第三部分是美容基础知识，主要学习犬猫的发展及解剖知识；第四部分是犬猫的基础护理；第五部分是常见犬种的美容；第六部分是宠物美容辅助措施。

图书在版编目(CIP)数据

宠物美容学徒岗位手册/孟小林主编. —北京：中国农业大学出版社，2021. 2
ISBN 978-7-5655-2528-5

Ⅰ. ①宠… Ⅱ. ①孟… Ⅲ. ①宠物—美容—高等职业教育—教材 Ⅳ. ①S865. 3

中国版本图书馆 CIP 数据核字(2021)第 035068 号

书　名　宠物美容学徒岗位手册
作　者　孟小林　主编

策划编辑　康昊婷　　**责任编辑**　康昊婷
封面设计　郑　川
出版发行　中国农业大学出版社
社　址　北京市海淀区圆明园西路 2 号　　**邮政编码**　100083
电　话　发行部 010-62733489，1190　　读者服务部 010-62732336
　　　　编辑部 010-62732617，2618　　出　版　部 010-62733440
网　址　http：//www.caupress.cn　　**E-mail**　cbsszs@cau.edu.cn
经　销　新华书店
印　刷　涿州市星河印刷有限公司
版　次　2021 年 12 月第 1 版　　2021 年 12 月第 1 次印刷
规　格　787×1092　16 开本　　13 印张　　265 千字
定　价　39.00 元

编审人员

主　编　孟小林

副主编　牛彦兵　柳旭伟　季珉珉　温海燕

参　编　李泽宇　陈　英　刘晓娜　唐　燕　杨力伟　宋星明

主　审　邓双义

前　言

随着人们生活水平的提高，宠物已进入寻常百姓的家庭。给宠物做美容已经成为很寻常的事，从事宠物美容的人员也以成倍的数字增长。

本书作为宠物养护与驯导专业学徒制宠物美容生产方向的教材，该教材所对应的工作岗位是宠物美容岗位。学徒制教学需要学生在企业完成本课程内容的学习。学生在企业以学徒的身份开展学习，企业专家作为企业师傅进行教授。学生在企业学习过程中需要一本既能够适用于生产，又能够方便携带、使用的学习资料。通过联合行业专家研究教材改革，本教材既有纸质版，也有电子版，学生在通过对纸质教材的学习后，还可以通过手机客户端直接进行网络学习，企业师傅进行指导，并对其学习的情况、工作完成的质量和数量、关键职业能力及职业品质、工匠精神进行评价，以期学生在企业学习阶段就能达到C级宠物美容师的标准。

本教材主要针对刚入职的宠物美容师的基本知识和技能进行学习，包括6部分内容：第一部分是步入企业（企业入职培训），主要讲述学生进入企业的时候对行业、企业的认识；第二部分是认识岗位，主要是对岗位工作的认识；第三部分是美容基础知识，主要学习犬猫的发展及解剖知识；第四部分是犬猫的基础护理；第五部分是常见犬种的美容；第六部分是宠物美容辅助措施。

由于编写时间仓促，加之笔者经验和水平有限，书中的不足之处在所难免，恳请广大读者提出宝贵意见。

编　者

2019年5月

目　录

The first part

The first part

第一部分

步入企业

The first part

The first part

入职培训专题 1
中国宠物行业发展的机遇与挑战

第一节 中国宠物行业发展与地位

一、中国宠物行业发展历程

宠物行业涵盖范围广泛，涉及宠物衣食住行的方方面面。宠物保有量的增加催生了相关配套的宠物食品、用品及服务需求的增长，从而带动了整个宠物行业的蓬勃发展。宠物行业主要涵盖两大产业：一是宠物产品，二是宠物服务。其中，宠物产品包括宠物交易、宠物主粮、宠物零食、宠物清洁用品等；宠物服务包括宠物医疗、宠物美容、宠物培训等（图 1-1）。

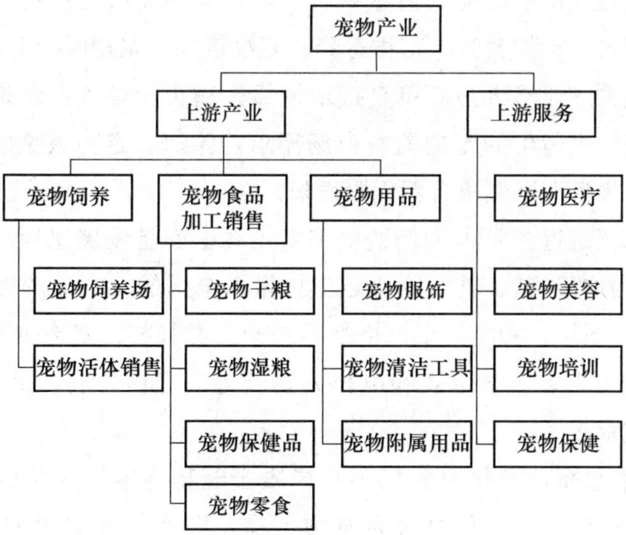

图 1-1 宠物产业链

1. 启蒙期：20 世纪 90 年代

中国宠物行业兴起于 20 世纪 90 年代初，当时，成都、北京、上海、深圳是中国养宠文化发展最早的 4 个城市。深圳的养宠文化主要靠香港带动，北京是由宫廷文化沿革而来，而上海更多是靠外国人。

1992 年，中国小动物保护协会成立，“关爱动物”“动物是人类朋友”等观念开始在社会上宣传，人们开始接触西方国家将宠物作为“生活伴侣”的观念，宠物在中国被重新定义。1993—1995 年，以玛氏公司和法国皇家为代表的一批国际宠物品牌进入中国设厂或设经销商，宠物经济理念正式开始引进国内。同时，在北京、上海和广东等经济取得较大发展的地区，大量归国人员带回国外前卫的宠物概念，吸引了大批社会上层人士对宠物的喜爱。1993 年，我国第一批专业宠物用品零售服务店在北京、上海成立，如上海顽皮家族、北京怡亚等，意味着国际宠物经济概念在国内开始付诸实践。

2. 孕育期：2000—2010 年

1999 年，我国宠物数量不足 4 000 万只，到 2010 年，我国宠物数量已超过 1.5 亿只。宠物已经不止是传统“看家护院”的动物，人们对宠物赋予更多的情感。在这一时期，国内开始出现以宠物产品生产制造为主的规模化工厂，代表性企业包括烟台中宠、温州佩蒂、杭州天元、上海多格漫等。由于国内市场还未全面开拓，当时的宠物产品主要出口国外。

3. 蓬勃发展期：2010 年至今

近几年除了宠物食品和宠物用品生产销售企业快速发展外，宠物医院、宠物零售店、宠物养殖场也在经济发达地区悄然兴起。这些宠物商店几乎包揽宠物所有的基本服务，包括商品销售、宠物美容、宠物寄养、宠物售卖、宠物医疗等。

如今我国的宠物产业不再是简单直接地依靠宠物买卖赚钱，而是发展壮大为整个宠物产业链和不断扩大衍生的宠物消费市场需求，伴随着宠物数量的快速增长，与宠物相关的制造业、服务业必然蕴含着无限商机。

宠物服装市场就是近些年人为创造的消费市场，而且发展迅速。其中上海的宠物服装行业发展速度最为迅猛，其宠物服装出口量占全国的 40%，宠物服装的细分种类已完全“人性化”，质量、种类甚至价格都不亚于人类服装，宠物服装包括羽绒服、风衣、皮夹克、宠物主人装、学生装和电影人物装等。宠物的装饰品也越来越多样化，手镯、项链等款式众多。

在宠物服务业方面，宠物服务已不只局限于宠物美容、宠物医疗等。宠物新时尚服务正在百花齐放。一些宠物店为宠物“狗友”举行生日派对、相亲会、宠物训练课程毕业典礼等，宠物服务越来越拟人化，宠物变得越来越高贵。

在宠物种类方面，也不再局限于传统的宠物狗、宠物猫，许多另类的宠物，如爬行动物（蜥蜴、蛇）、迷你猪、昆虫、矮马等动物也成为了人们的新宠，未来另类宠物也会逐渐被人们熟悉（图 1-2）。

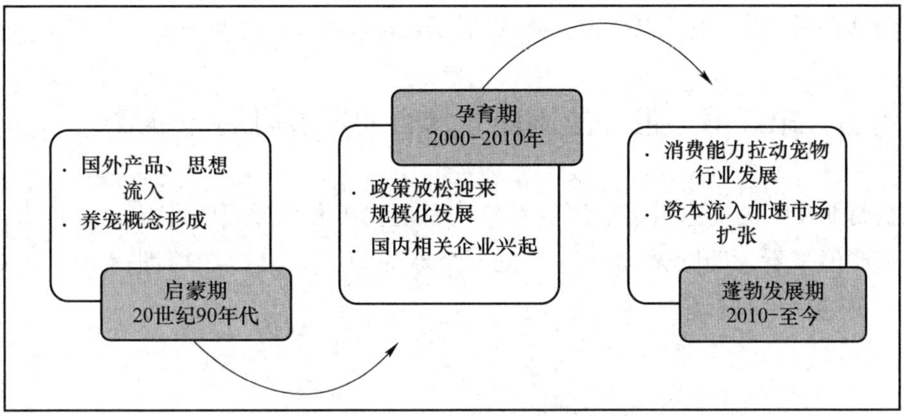

图 1-2　中国宠物行业发展历程（资料来源：华经产业研究院）

二、宠物美容在宠物行业的重要性

宠物美容起源于 18 世纪的欧洲，发展于 19 世纪。其依据是在 18 世纪的欧洲贵妇油画上，开始发现有宠物美容的萌芽体现，充分发挥犬种自身的特色和魅力，创造标准造型，体现美感。

宠物美容开始流行是在 18 世纪的法国，宫廷生活多彩多姿，宠物深受贵妇的喜爱，在路易十六在位时贵宾犬被定为国犬，人们开始用心繁殖，不久后小型贵宾犬就诞生了，但当时的体重也有 9 kg。史料记载最早的宠物理容院是在 1820 年设立的。贵妇之间流行为爱犬修剪毛、喷香水，并戴上珠光宝气的项链，当时在凡尔赛广场，有一间小屋最初雇用从葡萄牙和西班牙来的理容师，广场四周可以看到贵妇们，用双头马车接送爱犬去美容，那种豪华和美丽让人羡慕不已。

不久后，这群理容师定居在法国，并各自开店，为宠物洗澡的时代就来临了。当时修剪的样式，类似今天的欧洲型，前半身毛直立，后半身到臀部剪短，这种风格不知是种偶然还是种设计，经过这样修剪后的贵宾犬，非常像狮子，在英国被称为狮毛型，不过经过数次的修整，和当初的圆形有很大的差异。如此被修剪过的贵宾犬，不仅代表狗的形象，而且是经过造型后产生的美感和雅感，具有活娃娃的魅力，赢得许多人的喜爱，从而引起饲养的兴趣，这就是宠物美容的由来。

所谓的宠物美容，不只是替宠物洗澡，而是借着顶级的美发用品和精湛的修剪技法，为它们遮掩体型缺陷、增添美感。如今养犬不仅仅是为了看家护院，更多的是充当观赏与生活伴侣的角色，为人们休闲解闷、增乐添趣。因此这种特殊角色宠物犬的美容越来越受到人们的重视。随着人们欣赏水平的提高，宠物美容已逐渐融入人们日常生活之中。

宠物行业目前仍在发展阶段，在一些一线城市，宠物行业发展比较成熟，很多宠物店也渐渐多了起来，因此宠物美容师也成了热门职业。

第二节　世界范围内宠物行业发展机遇与挑战

宠物行业在欧美发达国家已历经百年，目前北美和西欧已发展成全球最大的宠物市场。从产值来看，美欧宠物经济产值占全球的 60%，其中北美洲占 37%，欧洲占 23%（图 1-3）。

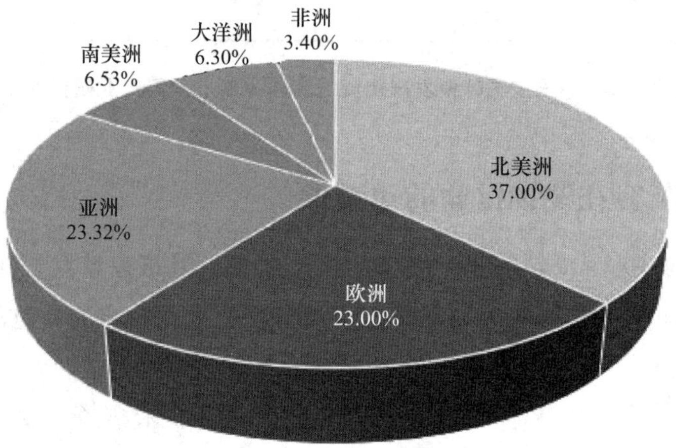

图 1-3　2018 年全球各地区宠物经济产值占比

一、全球宠物及宠物用品行业概况

2015 年全球宠物市场规模约为 1050 亿美元，在过去 5 年中，全球宠物市场保持 5%左右的同比增速。其中美国作为全球最大以及最成熟的宠物消费市场，宠物产业总支出达 602.8 亿美元，其他如欧洲、日本等国家和地区的宠物产业市场规模也显著发展（图 1-4）。

全球宠物产业分布并不均匀，总体呈现北半球大于南半球，美欧远大于其他国家、地区的特点。从产值来看，北美宠物经济产值约占全球总额的 37%，欧洲与亚洲均约为 23%。从家庭养宠比例来看，美国家庭宠物拥有率为 65%，远高于发达国家中德国的 36%与日本的 28%。

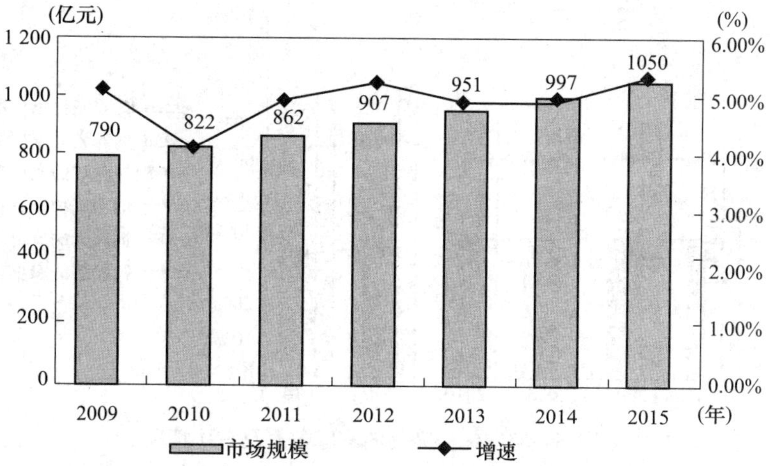

图 1-4 全球宠物产业市场规模

二、美国宠物及宠物用品行业概况

从美国电气工程师 JamesSpratt 发现并发明世界最早的宠物食品起，美国宠物产业的萌芽就已出现。20 世纪 80 年代前后，该产业进入了快速发展时期，在这一时期，美国家庭喂养宠物数量快速增加，而随着喂养宠物家庭的增加和宠物数量的增长，消费者对宠物用品、宠物食品、宠物药品等宠物产品的需求大大提高。数据显示，1988 年美国宠物数量约有 1.2 亿只，到 21 世纪初期，美国宠物数量已超过 1.6 亿只。宠物数量的平稳增长刺激了宠物所需的附属用品、食品、药物等必需品的消费。传统的宠物零售商店，如 Petco、PetSmart 也在这一时期逐渐兴起。在该时期，美国宠物行业及家庭喂养宠物的数量经历了由量变到质变的飞跃。进入 21 世纪，尤其是 2003—2005 年这 3 年间，美国宠物经济的复合增长率达到 7.5%以上，这一时期是美国的宠物行业的全盛时期。在这以后美国宠物产业发展逐渐回落并稳定，尽管经历了 2008 年的金融危机，但是美国宠物经济的复合增长率始终保持在 4%～5%。

在长达百年的发展中，美国拥有了全球最为齐全的宠物产业细分市场，全美 65%的家庭至少拥有一只宠物，是全球最大的宠物饲养及消费国家。美国家庭饲养宠物以狗、猫为主，部分家庭还会饲养淡水观赏鱼、鸟、爬行动物等较为小众的宠物。下图系美国饲养宠物的家庭数量及占比情况（图 1-5）。

近年来随着人们生活水平的提高，宠物更多的承担着家人或者朋友的角色，人类最初饲养宠物用作农业生产、生活的功能正在逐步弱化。据美国兽医协会调查，目前有超过 66.7%的美国人视宠物为自己的家庭成员之一，只有不到 1%的美国人将宠物当作自己的财产。这导致宠物行业在消费方式上与一般行业有着本质上的差别，宠物消费实质上是一种情感消费，随着宠物在人们心中的地位越来越重要，人与爱宠之间的情感黏性带来的宠物消费不断增长将成为影响宠物行业发展规模不可忽视的支撑力量（图 1-6）。

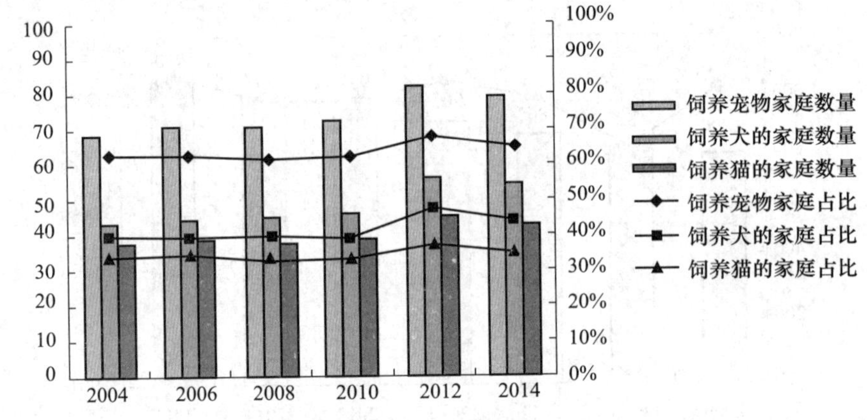

图 1-5　美国饲养宠物的家庭数量及占比情况

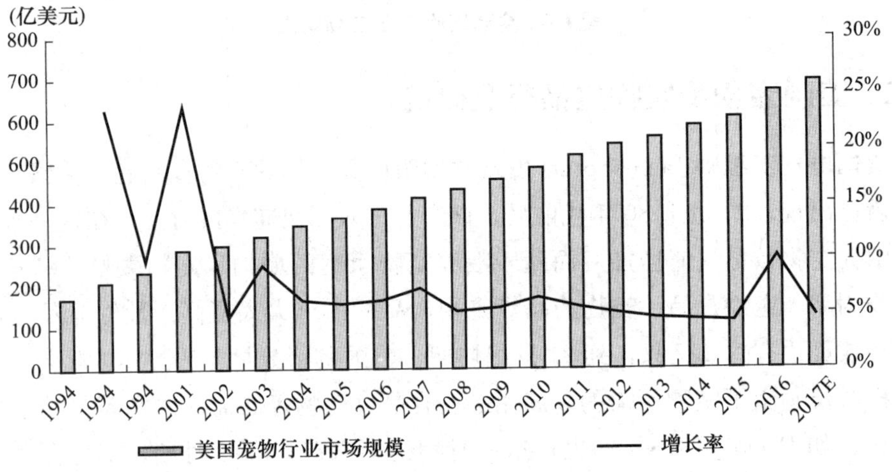

图 1-6　美国宠物行业增长稳定

伴随现代生活节奏的加快以及家庭结构的变迁，宠物作为情感寄托，在家庭中发挥的作用越来越明显，有宠家庭的比例稳步提升。1988—2016 年，美国有宠家庭的比例从 56%升至 68%（图 1-7，图 1-8）。

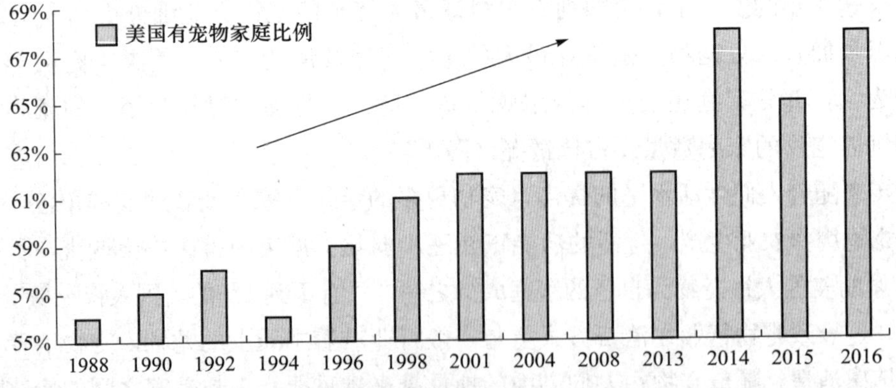

图 1-7　美国有宠家庭比例逐步增长

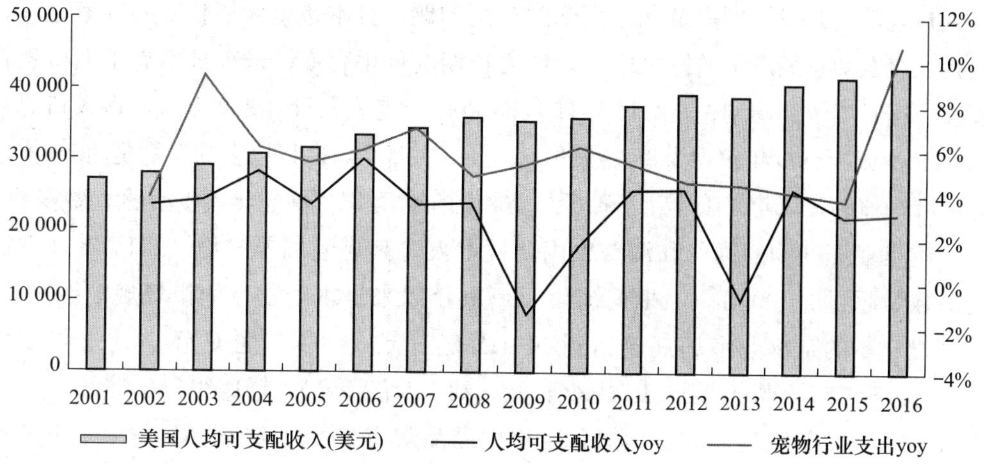

图 1-8 美国人均可支配收入增长带动宠物行业增长

三、欧洲宠物及宠物用品行业概况

欧洲是全球另一个主要的宠物消费市场，与美国的市场环境类似，在经历了多年的发展之后，欧洲宠物的数量与消费规模均处在较高的水平。在欧洲，至少拥有一只宠物的家庭数量约为 7500 万户，至少养一只猫或一只狗的家庭占比分别为 24%和 21%。包括宠物食品、宠物培育、宠物训练、宠物用品、宠物美容、宠物医疗（兽药、诊疗、疫苗等）在内的市场年消费可达 300 亿欧元。

在销售渠道方面，欧洲市场与美国市场比较类似，存在着传统的宠物零售商店、花卉商店、自助商场，还有一些超市和折扣商店（如沃尔玛、欧尚）进行宠物用品的销售。近几年，线上和移动端的销售取得了快速的发展。不同渠道的零售商会选择不同的产品范围和产品定位。传统超市和折扣店会选择典型的中低端和较高销量的宠物用品，专业的宠物零售店则会提供包括食物、玩具、清洁、窝垫等全品类宠物用品。

欧洲知名宠物用品品牌商包括 Fressnapf、Zooplus、Ferplast、Trixie 和 Green7 等。

四、日本宠物及宠物用品行业概况

20 世纪 80 年代以来，日本年轻人出现了“男不愿娶，女不愿嫁”的情况，社会中的单身男女比例惊人。据调查，2011 年，在 18—34 岁年龄段的人群中，未婚男性占 61%，未婚女性占 49%。据日本国立社会保障及人口问题研究所发布的《2014 年人口统计资料集》显示，50 岁男女的“生涯未婚率”分别为 20.14%与 10.61%，他们基本可以被归入“终身不婚”的行列。除去“不婚族”，结婚后不要小孩，享受丁克家庭生活的日本年轻人越来越多。相比结婚生子，很多日本年轻人更愿意将时间和精力花费在爱宠上，将自己的宠物猫、狗视为家庭一员，原本应该花在孩子身上的钱大部分消费在宠物身上。

人口老龄化是发达国家及地区面临的共同问题，日本是全球最长寿的国家之一，同样也是人口老龄化最严重的国家之一，加之长期的低生育率，未来日本老年人口恐将越来越多。据日本统计局调查，2014 年日本 65 岁以上老人共计 3 300 万人，占人口总数的 26％，14 岁以下青少年仅占人口总数的 12.8％。在日本，60％以上的宠物是由 50 岁以上的老年人饲养的，老年人晚年生活孤独，宠物的陪伴可以提高老年人生活的幸福感。

日本是亚洲宠物的饲养和消费大国，日本人尤其喜爱饲养宠物，2014 年日本拥有宠物的数量超过 2 000 万只，根据统计，2009 年以来日本宠物行业市场规模缓慢增长，2014 年度日本的宠物业市场规模达到 14 412 亿日元（约 127 亿美元），比上年度增加 0.9％，2015 年市场规模达到 14 549 亿日元（约 128 亿美元），增速约为 0.78％。

日本宠物产业发展较成熟，知名宠物用品品牌有 Petio、DoggyMan、CreativeYoko、Everyday holiday 等。在销产品种类及销售渠道多样，除了传统线下销售渠道，如宠物用品商店、大超市、大卖场、专营店、自动贩卖机外，线上销售产品比重占总销售产品比重也越来越大，多样的产品销售渠道及较大的人口基数将推动日本宠物产业持续发展。

五、中国宠物及宠物用品行业概况

中国宠物行业的发展时间较短，但随着中国经济的快速增长，宠物行业发展迅速。据调查显示：中国的宠物数量在 2003 年至 2017 年 10 年间增长了 900％。2017 年中国宠物数量已增至 1.68 亿只，宠物产业销售额突破了 1 300 亿元。宠物行业已不仅仅局限于售卖宠物食品及宠物美容。以北京为例，北京以宠物为主要服务对象的宠物用品销售、医疗保健、宠物美容、宠物摄影等服务机构已有数百家，每年的宠物消费规模平均在 10 亿元左右（图 1-9）。

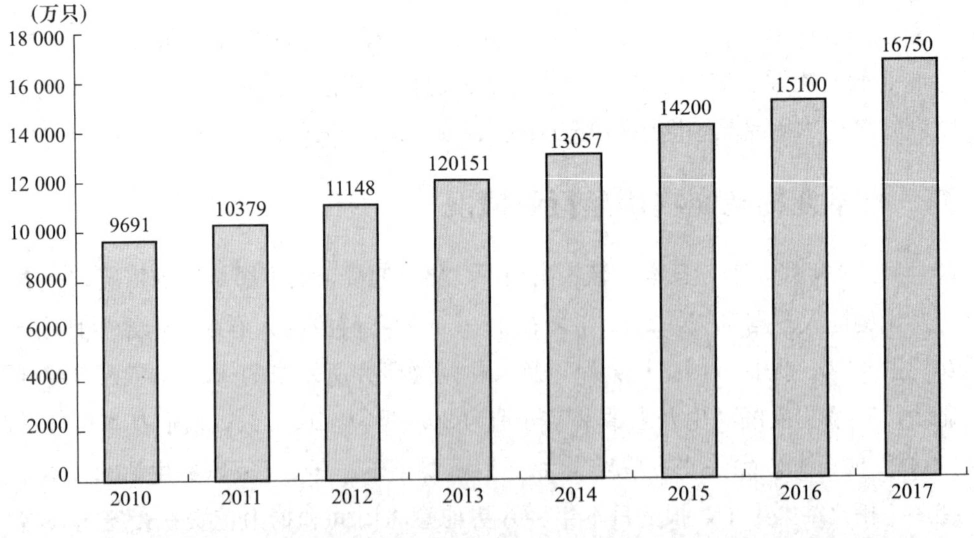

图 1-9　2010—2017 年中国宠物数量规模统计（资料来源：华经产业研究院）

居民饲养宠物从盲目到理性，养宠物不再是赶时髦，而是把宠物当作某种生活上的需要。随着宠物市场的逐步成熟，宠物价格降低，中低收入者购买宠物的数量增长迅速，占宠物消费比重越来越大。2017 年中国宠物行业的市场总体市场规模达到了 1 380 亿元（图 1-10）。

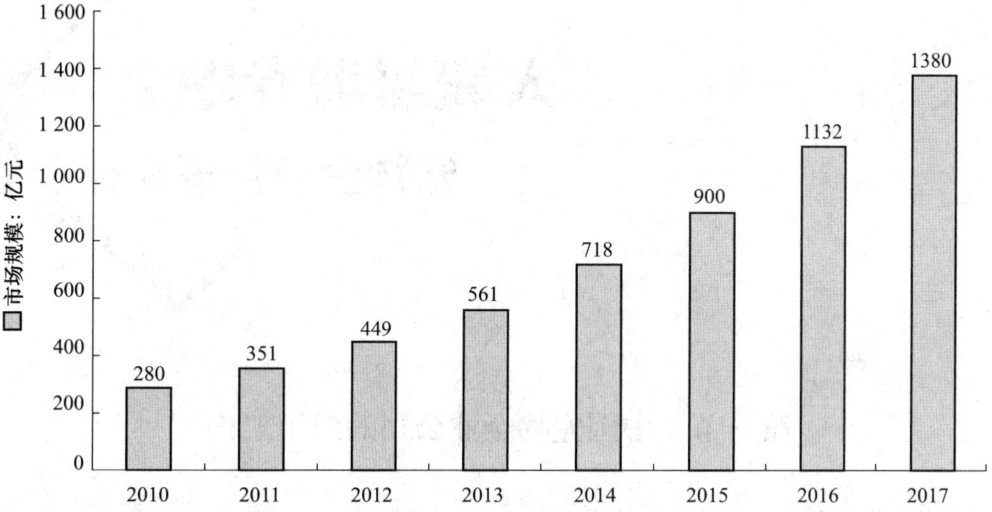

图 1-10　2010—2017 年中国宠物市场规模统计（资料来源：华经产业研究院）

调查显示中国宠物市场上占比最大的两项为宠物食品与宠物医疗，分别占总产值的 34%与 23%，宠物食品板块作为宠物产业中最大的子行业，占据了宠物市场规模的 1/3 以上，就绝对量而言，与成熟市场相比还有很大的上升空间（图 1-11）。

在宠物市场中宠物食品作为刚需类消费，在很长一段时间还将占据行业最大的市场份额。在宠物产业快速发展，科学养宠观念深入人心的大背景下，宠物食品板块有望成为渗透率提升最快，成长性最强的细分子行业，规模迅速扩张仍可期可盼。

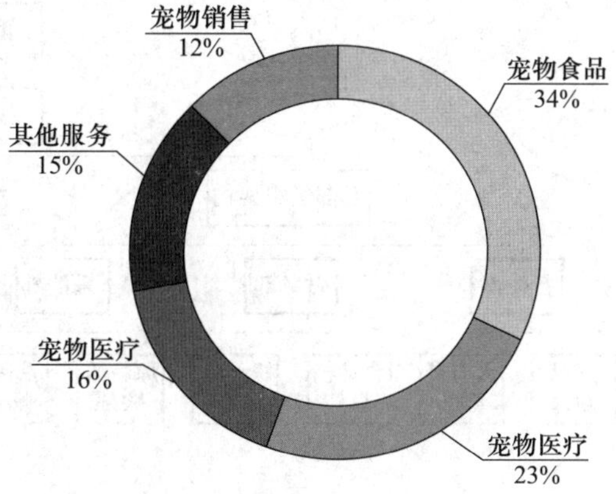

图 1-11　宠物细分行业占比

（资料来源：华经产业研究院）

宠物市场由沿海向内陆扩散，新兴市场成为重要增量。2016 年我国养宠人士主要集中在经济发达的沿海地区，而到了 2017 年，地处内陆的四川、陕西也已经成为排名前 10 的宠物分布地区，宠物市场由沿海向内陆扩散的趋势十分明显。随着国内经济的持续发展，相对落后的内陆地区宠物市场有望陆续进入暴发期，越来越多增量区域的出现或许是未来中国宠物市场发展的重要推动力。

入职培训专题 2
宠物企业管理文化

第一节　中国宠物企业公司的组织架构

中国宠物企业公司的组织架构示意图如图 1-12 所示。

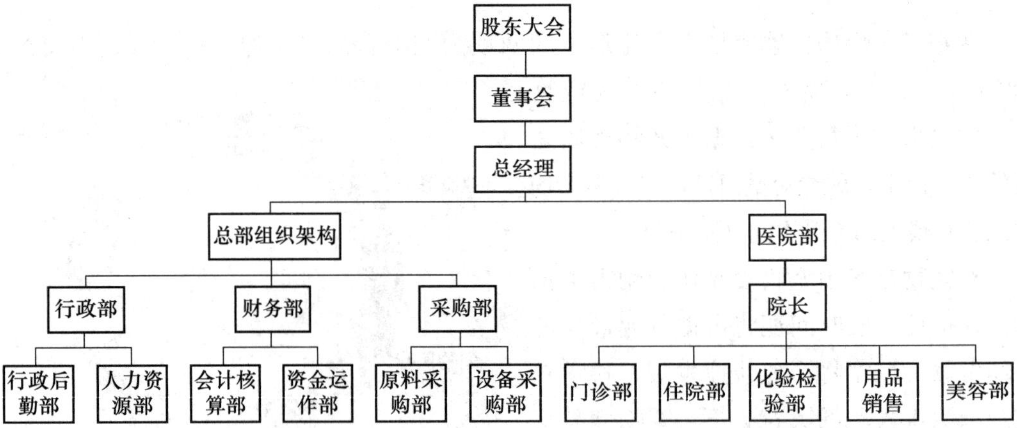

第二节　中国宠物企业公司的经营模式

宠物商品零售成本最低、最成功的模式是类似于 PetSmart 的这种大仓储、商超大店的模式，这种模式既可以提供广泛的商品种类，也可以提高商品的周转率，正是因为大仓储模式能够弥补传统宠物零售店的宠物品种、存货数量有限的缺点，因此这种宠物商超特别适合与线上电商结合，通过“线上＋线下”的模式提高市场占有率。

由于宠物食品和用品零售行业一般的进货渠道是通过全国总代理、地区总代理、经销商最后到达商家的进货过程，这一过程不仅消耗时间长，而且也提高了产品的成本（最终传递给消费者），而通过商超＋电商的模式，宠物商超可进行一次性大批量进货，继而分配到各个门店和线上宠物电商进行销售，中间减少的各个环节直接与全国总代理或生产厂家合作，降低成本，提高价格优势。

当宠物企业发展到一定程度时，特别是在市场已经相对饱和的情况下，通过连锁加盟的方式拓展市场，将会增加企业各项管理和门店租金成本，而在互联网经济冲击强烈的时代，通过线上宠物电商销售则是降低成本，吸引客户的新型商业模式（图 1-13）。

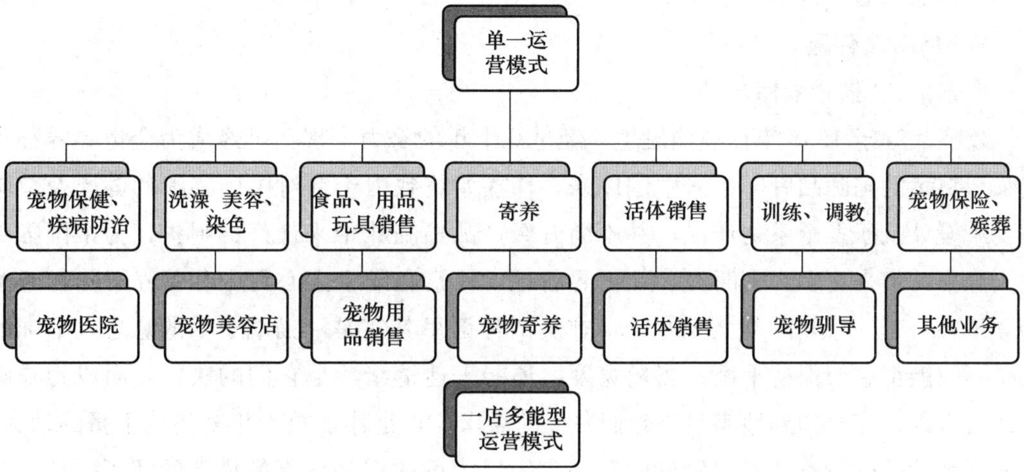

图 1-13　宠物公司经营模式

第三节　宠物企业公司的管理文化

以玛氏公司为例，其公司情况如下。

一、企业简介

玛氏公司是一家由私人家族弗兰克·马斯（弗瑞斯特·玛氏）于 1911 年创立的跨国公司，主要业务涉及零食类（糖果巧克力）、宠物类、主食和电子产品的制造和营销。公司年收入逾 300 亿美元，全球员工总数 65 000 名，分别在全球 68 个国家的 370 个分支工作，其中包括 135 家工厂，产品行销 100 多个国家。其中，糖果巧克力类产品和宠物类产品销量分别位居全球同类产品首位。玛氏公司拥有众多世界知名的品牌，在这些品牌中，价值超过 10 亿美元的品牌包括德芙、玛氏、M&M’S、士力架、UNCLE BEN’S、傲白、宝路、皇家、伟嘉和特趣。

全球有 1/3 的宠物每天都在食用玛氏公司的宝路狗粮和伟嘉猫粮。

宠物护理产品

玛氏宠物护理业务的总部设在比利时的布鲁塞尔，在全球199个国家和地区，员工人数多达33 000名。玛氏宠物护理业务有着70多年的历史，是世界领先的宠物护理产品提供商之一。玛氏宠物护理业务旗下拥有多个世界知名品牌：PEDIGREE宝路、ROYAL CANIN皇家、WHISKAS伟嘉、KITEKAT、BANFIELD、CESAR西莎、NUTRO、SHEBA、CHAPPI、GREENIES和CATSAN。玛氏宠物护理业务还包括Mars Fishcare、Mars Horsecare、Petservices和WALTHAM威豪宠物营养中心，为宠物护理品牌提供科学技术支持。

WHISKAS伟嘉

广告语："猫咪爱伟嘉！"

伟嘉品牌于1958年在英国诞生，经过几十年的努力，现在已经成为全世界养猫和爱猫人熟悉的国际品牌。进入中国以来，伟嘉始终致力于针对中国猫咪的健康及口味需要来设计及研发全系列产品，并不断升级产品给猫咪带来最好的呵护，为中国猫咪主人和猫咪带来更多亲密时光。在世界各地，伟嘉在猫主人心目中和营养美味已经紧密联系在一起。伟嘉的英文Whiskas在英语俚语里其实是"猫胡子"的意思，猫咪的胡子不仅能帮它们保持平衡、测量宽度，还能表达情绪，是它们的法宝。而成为猫咪们的代言人，完全周到地满足猫咪们一生的需求，正是伟嘉数十年来坚持不懈的动力。伟嘉品牌背后的所有技术和研发团队一直引以为傲的就是伟嘉像猫咪的胡子一样，最了解猫咪的心思！

PEDIGREE宝路

世界排名第一的狗粮品牌宝路创始于1935年。作为世界狗粮及护理用品的领导品牌，宝路充分关心并改善每一只爱犬的饮食及身体健康，为爱犬提供更多的关爱。宝路的销售遍布全球一百多个国家，受到世界各地爱犬人士的喜爱和信赖。1993年宝路来到中国，让更多的爱犬开始享用营养均衡的专业狗粮。

ROYAL CANIN皇家宠物食品

皇家宠物食品有限公司成立于1967年，坐落于法国南部城市蒙彼利埃附近的埃玛哥上的一个小村落，处在塞伯尼的低丘陵地带，从远处地平线上可以看见地中海曲折的海岸线。创始人Jean Cathary是一位乡村兽医，当他把目光投向宠物食品这个全新的领域并开始生产宠物干粮的时候，比别人提早了整整4年。自此，皇家宠物食品有限公司进入了高速发展阶段。

二、企业组织

玛氏公司的组织是一种开放式管理风格下的产物，公司内部不存在一板一眼的官僚体制，公司经理的座位是一种车轮式的安排，四周围绕着下属，鼓励沟通工作。

玛氏公司的组织是扁平式的。公司只分 6 个级别，其中最高的 3 个级别分属玛氏家族、高层主管与资深经理。有 7 大明确的统筹性功能：制造、市场、零售、研发、产品与服务、财务（会计）和人事。玛氏企业的员工待遇非常具有市场竞争力，这可以提高员工的忠诚度。

监督部门：由中央委员会来监督公司的运作及所有部门。

三、企业文化——玛氏五项原则

让玛氏这个企业发展百年仍基业不倒，并且愈发蓬勃的真正原因在于其独一无二的企业文化——玛氏五大原则，即质量、责任、互惠、效率和自主，这是玛氏文化和玛氏开展业务的立身之本。

五大原则将玛氏人凝聚为一体，指引所有玛氏员工的行动。他们努力通过自己的工作，在与消费者、客户、生意伙伴、社区以及每个人的交流中，践行着玛氏五大原则。五大原则让一代又一代来自不同地区、不同语言和文化的玛氏人团结在一起。

玛氏对于其五大原则，有着具体的阐释：

质量（Quality）

“顾客至上”是玛氏人的信念；保持高质量是玛氏人的工作；令产品物有所值是玛氏人的目标。

公司在任何工作中都力求达到最高的品质。质量来源于作为一名玛氏人的热情和自豪，是玛氏人行动中决不退让的标准。高质量的工作，源自每个人的努力，是形成优质品牌的首要因素，也是玛氏以高标准著称的原因。

责任（Responsibility）

作为个人，要求每一个人各尽所能；作为同事，支持其他同事各尽其责。

与那些通过层层管理弱化个人责任的传统企业不同，玛氏要求所有同事对结果直接负责，以此培养大家的主动性、判断力和根据需要做决策的能力。玛氏招聘的人才具备很高的素质且符合岗位的要求。玛氏信任他们，同时也要求他们要对自己的一套高标准负责。

互惠（Mutuality）

互惠就是分享利益；可以分享的利益才会持久。

玛氏坚信衡量业务关系的标准是创造共享利益的程度。这些利益有许多不同的表现方式，其本质不是严格意义上的经济利益。同样，在努力提升竞争力的时候，玛氏的任何行动绝不会以牺牲工作伙伴的经济或其他利益为代价。

效率（Efficiency）

充分利用一切资源，绝不浪费；务求人尽其才，物尽其用。

坚持原则，提供卓越、物有所值的产品，合理组织所有的资源——人力、物力和财力，以达到生产效率最大化的能力。这种方式使玛氏能够用最少的投入和资源消耗，提供最优质的产品和服务，同样玛氏也用最有效率的决策流程来管理公司经营的方方面面。

自主（Freedom）

玛氏需要独立自主来塑造未来；需要利润来保持独立自主。

入职培训专题 3
宠物美容个人职业生涯发展

一、宠物美容师的认证及资格鉴定

宠物美容师、通过不同渠道获得的美容师资格证书、美容师级别资格鉴定等程序由国家主管部门的统一管理，设有专门的宠物美容师认证、资格鉴定部门。国际犬的分类标准有两个组别制度，即 AKC 和 FCI。CKU 和 NGKC 分别是 AKC 和 FCI 在国内的授权机构，CKU 和 NGKC 分别对宠物美容从业人员进行技能的等级划分和证书的发放。

二、个人职业发展

宠物美容行业的发展空间很大，可以胜任的工作很多。

1. 宠物店的美容师

日常工作是为顾客的宠物美容洗澡，月收入一般 C 级美容师待遇在 3 000～5 000 元，有 10 %的美容业绩提成，晋升阶段为美容师——美容主管——副店长——店长。

2. 犬舍的美容师

一般日常工作是护理一些赛级的犬只，当然这个需要一定的技术，待遇也会随着技术的增长而增加，一般 C 级美容师待遇在 2 000～4 000 元。

3. 自己开店

开店的投入一般需要 10 万～15 万元，收入随着顾客积累而增长，一般积累到一定程度时月收入在 2 万元左右。也可以寻找宠物连锁机构加盟，会有专业的团队帮助开店，提供技术支持，尽可能避免不必要的损失。

三、行业标准

（一）CKU 宠物美容师资格检定考试规则（附录 4-1）

（二）NGKC 中国宠物美容师精英大赛参赛及进阶规则（附录 4-2）

入职培训专题4

宠物企业财务管理

第一节 一般宠物美容店的财务制度

一、店面财务规章

（一） 营业收入

1. 收银单各消费项目价位必须与价格表、公司活动、打折卡及消费对照。

2. 各店选出一名股东做店面财务监理，对日报表与收银单上消费项目进行核查。

3. 经理必须在每天下午4：00以前把前一天的营业现金存入银行，并取回存入回单。

4. 公司财务对店面日报表及收入进行核查。

5. 日报表数据每天店长以短信方式汇报发送给部长。

（二） 日常支出

1. 店面所有杂项支出每周到公司请一次款，同时报销上期费用。

2. 报销费用一定控制在请款范围之内，超出部分不予报销，如有特殊情况需店长垫付，并事先报备给总经理批准。

3. 费用报销流程

步骤：填报销单——单据粘贴——会计审核——部长审批——出纳付款

责任人：经手人——经理——店长——会计——部长

报销单原始凭据务必有店长、经理、经手人、会计、部长签字，还应注明费用用途，对交通费用票据还应注明出发地和目的地。

店面员工一律不得预支任何工资款项。如有紧急情况店长需报备部长批准。

各店需按公司规定时间报账，如有特殊情况需提前预约，否则不予受理。

（三）收支处罚

收银单缺单、漏单、错单（除本身缺单的情况外，需报备给公司财务），管理处一旦查处，处罚店长200/次。

财务监理未及时做到核查，处罚财务监理100元/次。

经理未及时将营业现金存入银行（休假等特殊情况委托他人代办除外），处罚经理200元/次。

店长如当天没有发送汇报短信给部长，处罚店长10元/次。

当日营业现金私自挪用支出者，处罚店长500元/次。

未按支出流程执行，处罚店长500元/次。

每张流水单上须附电脑小票及活动券，否则处罚店长100元/次。

二、店面收银工作规范

1. 收银员结账时要记清单据上的数量，看清服务项目，监督美容师填写正确，如有错误应及时要求美容师更改并签名。

2. 严格监督账单的编号，缺一不可，一经发现缺失应及时追查。

3. 收银员发现账单填写错误时，不能对填写错误的账单进行涂改，也不能丢弃，应在上面注明作废，由店面经理或店长签字确认。

4. 如客人使用消费券消费，必须把消费券贴在本单收银单上。

5. 每张收银单上必须附有顾客签名的打印小票。

6. 收银员不能帮美容师签价格，合计收费金额只能由美容师填写。

7. 会员结账时要求出示会员卡，并登记卡号，要求美容师登记会员价，收银员不能随意更改。

8. 遇到会员忘记带卡时应主动协助解决，核查卡号或要求店长签名，由收银员或美容师证明此人会员身份，方可按会员价收费。

9. 当日店内各部门的营业额、流水单、支出单、现金一定要相符。

10. 每天收入的现金，当晚必须结算完毕，交送店长签收，顾客拖欠款要负责追回。

11. 日耗品的采购支出都需采购人、验货人、收货人及店长签名，才能支出钱款，否则支出无效。

12. 早班收银员要把当天所收的现金交到晚班收银员，由晚班收银员交送当晚当值经理签收。

13. 收银处现金不准超过3 000元及水单80张。如超标，应立即移交或存放到办公室保险箱。

14. 提高警惕，增强责任心，保证各种款项的安全。收钱时要注意查验，结账后要说“多谢光临，欢迎下次再来”。

15. 收银单、美容师业绩确认表、日报表必须于每周二前上交账务管理处。

16. 每月 20 号店面需派出一名收银员到管理处开会。

三、核单员注意事项

1. 每天下班必须录完当天的单，并做日结账。

2. 做完日结账必须复审当日所录的单子，发现错误需请上级领导授权方可修改或删除。

3. 店面经理或店长每天对收银单进行审核，并签字。

4. 每天必须要求员工核对自己的业绩表，并签字。

5. 每周店长来公司开会，必须把前一周的账单、日报表及员工业绩核对表交给财务部。

6. 发现软件方面的设置问题，必须立刻联系软件工程师，并协助设置正确。

7. 收银员手工统计日报表，必须复审二次以上，有问题必须找出问题所在，并改正。经理或店长必须复审一次，并签字。

8. 如有特殊情况店面未能正常营业的，店长需当天打电话报备给总部财务处。

第二节　宠物行业公司一般财务流程

第一部分：总则

第一条：为了加强公司内部管理，规范公司财务报销行为，倡导一切以业务为重的指导思想，合理控制费用支出，特制定本制度。

第二条：本制度根据相关的财务制度及公司的实际情况，将财务报销分为日常办公费用、工薪福利及相关费用、税费支出、工程相关支出及专项支出等，以下分别说明报销相关的借款流程及各项支出具体的财务报销制度和报销流程。

第三条：本制度适用公司全体员工。

第二部分：借支管理规定及借支流程

第四条：借款管理规定

（一）其他临时借款，如业务费、周转金等，借款人员应及时报账，除周转资金外其他借款原则上不允许跨月借支。

（二）各项借款金额超过 5 000 元应提前一天通知财务部备款。

（三）借款销账规定：

（1）借款销账时应以借款申请单为依据，据实报销，超出申请单范围使用的，须经总经理批准，否则财务人员有权拒绝销账。

（2）借领支票者原则上应在 5 个工作日内办理销账手续。

（四）借款未还者原则上不得再次借款，逾期未还借款者转为个人借款从工资中扣回。

第五条：借款流程

（一）借款人按规定填写《借款单》，注明借款事由、借款金额（大小写须完全一致，不得涂改）、支票或现金。

（二）审批流程：主管部门经理审核签字→财务经理复核→总经理审批。

（三）财务付款：借款人凭审批后的借款单到财务部办理领款手续。

第三部分：日常费用报销制度及流程

第六条：日常费用主要包括电话费、交通费、办公费、低值易耗品及备品备件、业务招待费、培训费、资料费等。在一个预算期间内，各项费用的累计支出原则上不得超出预算。

第七条：费用报销的一般规定

（一）报销人必须取得相应的合法票据，且发票背面有经办人签名。

（二）填写报销单应注意：根据费用性质填写对应单据；严格按单据要求项目认真填写，注明附件张数；金额大小写须完全一致（不得涂改）；简述费用内容或事由。

（三）按规定的审批程序报批。

（四）报销 5 000 元以上应提前一天通知财务部备款。

第八条：费用报销的一般流程：报销人整理报销单据并填写对应费用报销单（须办理申请或出入库手续的应附批准后的申请单或出入库单）→部门经理审核签字→财务部门复核→总经理审批→出纳处报销。

The second part

第二部分

认识岗位

The second part

The second part

The second part

入职培训专题5
认识学徒业务岗位

宠物美容师是指能够使用工具及辅助设备，对各类宠物（可家养的动物）进行毛发、指爪等清洗、修剪、造型、染色，使其外观得到美化和保护，同时具备规范宠物不良行为的技能人员。

一、岗位工作概述

宠物美容师的主要工作是帮助宠物进行毛发、指爪等部位的清洗、修剪、造型、染色，让宠物的外观得到美化和保护，变得更健康和时尚。宠物美容师分为不同等级，不同等级所具备的技能不同（表2-1）。

表2-1 宠物美容师等级划分

学徒	入门级	协助美容师完成各项美容工作
C级宠物美容师	基础级	对宠物店内的常见家庭宠物可进行独立操作
B级宠物美容师	进阶级	较高的修剪技术，作品精致度高，线条柔美度好，作品立体感强且能进行多种创意造型
A级宠物美容师	高级（赛级）	深刻了解不同品种的美容标准，技法纯熟，能做不同的赛级造型，能独立接待赛级犬只，独立开展教学

二、工作内容

1. 门店宠物美容工作（洗澡、剪毛、维护等）。
2. 严格按照公司宠物美容流程操作，达到客户满意。
3. 主导宠物美容的各个环节与流程，并对宠物美容后的结果负责。
4. 顾客的接待、接洽、服务工作。

5. 美容工具、用具、用品的管理责任。

三、从事宠物美容师的要求

1. 具有高中以上学历，执有 C 级宠物美容师证优先。
2. 有两年以上宠物美容工作经验或培训经历优先。
3. 性别不限、年龄不限、有一个喜欢宠物的爱心。
4. 形象好、气质佳，性格活泼，有正能量，服从领导安排。
5. 较强的语言表达和与客户沟通能力，服务意识强。
6. 了解宠物的身体结构、生活习性及性格特点。
7. 能独立完成常见犬种的洗澡及美容造型，可根据不同犬种特点设计并完成造型。
8. 能向顾客独立介绍宠物美容及其他产品。
9. 吃苦耐劳，认真好学，态度积极，喜欢宠物。

四、宠物美容师岗位职责

1. 负责店内宠物洗澡、美容业务的接待。
2. 对宠物进行基础的护理，如修剪、美容、造型、洗澡等。
3. 独立、熟练完成宠物造型等所有美容服务项目，并且造型时尚新颖，使客户满意。
4. 掌握宠物美容时尚，不断学习与创新，提升宠物美容服务标准，在宠物造型美容方面有自己的创意。
5. 培训指导美容助理。
6. 能与客户沟通宠物相关美容、喂养、护理等基本知识。
7. 对店内美容室的环境与设备进行清洁与保养，保管好美容工具，严禁丢失。
8. 积极完成上级领导安排的其他工作。

入职培训专题 6

岗位工作技术设备与安全生产

美容师对经理负责，对经理提出的安全生产工作要求负有直接落实责任，对本岗位的安全生产负有直接责任，并做好以下工作：

（一）认真执行美容项目安全操作规定，落实行业规定及相关的规章制度。

（二）认真做好对宠物的安全卫生服务，做到“一客一消毒”，按规定使用消毒柜、消毒间进行消毒。

（三）做好客人物品保管，及时提示客人存放贵重物品。

（四）工作时注意安全操作，所使用的电器设备、器械要经常检查，发现问题后严禁继续使用并及时修理。负责对美容厅内设备、设施检查和保养。

（五）所有设备、物品应建档登记，妥善保管，现金收入要逐笔登记，当天收的现金要当天交到财务部，不得滞留过夜。

（六）认真做好防火、防盗工作，发现问题及时处理并汇报领班，下班前检查总电源是否切断，避免火灾事故的发生。

（七）美容师能熟练掌握美容服务操作规程，保证宠物安全并做好自身防护。

入职培训专题 7
岗位业务能力要求和培养目标

一、岗位能力要求

本岗位是宠物养护与训导专业学生就业的主要岗位之一。通过学徒制培养模式，使学生了解宠物的生物学特点和常见品种、宠物美容的基础知识、重点犬种的美容技术、宠物的美容辅助措施、宠物美容店的经营与管理等知识与技能，最终能够独立开展宠物美容的相关工作，解决生产实际问题。本课程直接面向宠物保健专业岗位群，与宠物美容岗位工作任务相对应。

二、培养目标

（一）职业素质目标

1. 能适应宠物医院、宠物美容院、宠物店的管理机制，理顺工作机制，掌握工作流程，和其他工作人员相处融洽。

2. 具有诚实、守信、善于沟通和合作的个人品质。

3. 具有积极向上，努力好学的个人品质。

4. 注重动物福利，树立动物保护意识，对宠物要有爱心。

5. 具有四心：爱心、耐心、自信心和责任心。

（二）专业知识目标

1. 了解宠物的生物学特性和常见品种的习性。

2. 熟知宠物美容的基础知识。

3. 熟知常用的宠物养护技术。

4. 熟知常用的宠物美容技术。

5. 了解宠物美容店的经营与管理策略。

（三）职业能力目标

1. 技术技能

（1）能根据宠物的不同特点设计美容方案，并实施。

（2）能熟练操作宠物美容用具和其他用品。

（3）能熟练操作宠物的基础护理。

（4）掌握常见犬种的美容操作流程。

（5）掌握其他美容辅助措施的技术。

2. 岗位从业能力

（1）服从上级主管的工作安排，能适应宠物保健企业组织管理环境。

（2）具备较强的语言表达能力和与客户沟通能力，有良好的服务意识。

（3）能独立完成常见犬种的洗澡及美容造型，可根据不同犬种的特点设计并完成造型。

（4）了解宠物的身体结构、生活习性及性格特点。

（5）能够向顾客独立介绍宠物美容产品。

（6）吃苦耐劳，认真好学，态度积极，喜欢宠物。

三、工匠精神

1. 敬业

工匠精神的第一要素是乐趣和热情，所以作为宠物美容师或者即将从事这个行业的人，要干一行爱一行，不论顺境逆境都能够在这个行业坚持下来。

2. 精细

每一只犬都要修剪到精益求精，没有达到标准就不能放弃。

3. 专注

工匠精神要求专注、踏实地做好每一个工作。

4. 创新

追求更高的技术，或将美容作品达到艺术境界。

入职培训专题8
制定学徒培养计划

一、培养总目标

服务现代宠物美容业快速发展的人才需求，以培养掌握宠物美容基础技术和具备职业综合素质的技术管理复合型人才，同时具有创新创业能力的宠物美容师为目标，以昌吉畜牧学院办学理事会、昌吉州职教集团为平台，利用现代化畜禽养殖企业资源优势，开展现代学徒制试点工作，探索畜牧兽医专业校企业联合培养的“双主体育人”人才培养模式，通过校企高层次共同培养，以学生（学徒）为纽带，提高职业教育服务宠物产业发展的综合能力，并为宠物养护与驯导专业人才培养模式改革提供范例。

二、学徒学习计划

第一阶段（两周）

1. 了解企业规定。
2. 安全培训。
3. 日常工作流程。
4. 认识工作中的常用工具和熟练应用。
5. 掌握环境消毒方法。
6. 了解店铺经营运作。

第二阶段（三个月）

1. 有效控制宠物。
2. 独立完成犬的基础护理操作。
3. 协助美容师完成造型修剪。

4. 完成店铺的日常消毒、清洁工作。
5. 协助完成客户接待、商品销售。

第三阶段（三个月）

1. 独立保定宠物，熟练完成基础工作。
2. 在师傅的指导下，完成常见犬种的基础造型修剪。
3. 独立接待客户、处理问题、销售商品。
4. 了解犬的染色技术。
5. 了解犬的包毛、拔毛等技术。
6. 了解犬的 SPA 技术。

第四阶段（拓展提升）

1. 独立完成常见犬种的基础造型修剪。
2. 在师傅的指导下，完成犬的创意染色、包毛、SPA 等操作。
3. 能够根据客户的需求，给客户提供建议，并且完成。

三、培养成果

1. 行业资格证书：获得 C 级美容师证书（AKC、CKU、NGKC）。
2. 能够独立完成犬、猫的基础护理工作。
3. 能够独立完成犬常见品种造型的修剪。

第三部分

美容基础知识

The thrid part

The thrid part
The thrid part
The thrid part

学徒任务1
犬猫的发展

【专业知识准备】

法国著名古生物学者乔治·居维叶曾把犬的驯化称为“人类最出色、最完美的战利品”。

一、犬进化历程

犬在动物分类学上的地位是：脊索动物门、哺乳纲、食肉目、裂脚亚目、犬科、犬属，犬属又分10大类35种家犬种。

犬属于犬科动物，而犬科动物属于食肉目，形成于第三纪早期，食肉目在迅速向北美蔓延的过程中，形成了小古猫。到始新世中期，小古猫种群一分为二形成犬型亚目和猫型亚目，其中犬型亚目进化出了黄昏犬，黄昏犬体型类似今天的小狐狸，具有标准犬科动物特有的内耳，黄昏犬分化出了三个支系，其中Leptocyon这一支构成了今天的犬科动物，它演化出来的三大支系形成了今天的犬属、灰狐属和赤狐属。大约800万年前，犬属分化出若干支重要类型，如狼、豺、狗、狸等。

最早的犬化石是来自德国的14 000年前的下颌骨化石，这些考古学证据支持犬是起源于西南亚或者欧洲，而另一方面犬的骨骼学鉴定特征显示犬可能起源于狼，由此提出了犬的东亚起源说。此外，不同品种的犬在形态上极富多样性，这似乎又倾向于犬起源于不同地理群体的狼的假说。因此仅靠考古学，是很难提供有关犬起源的可靠线索的。

1997年，加州大学洛杉矶分校的科学家基本证明了犬是由灰狼驯化而来的。他们将来自世界各地140只不同种类的犬、162只灰狼、5只北美小狼和12只豺的线粒体DNA进行比对。结果显示，犬与灰狼的亲缘关系最近。从生理结构上看，犬的犬齿十分尖锐，第四前臼齿与第一下臼齿发展成为裂齿，这与狼的齿型完全相同。从生活习性上看犬与其他犬属动物都是社会性动物，其行为的发展直接与猎物的大小有关。单独活动的食肉动物，如狐，只能猎捕小动物，它们的社会行为发展最差。而狼则属于另一个极端，它们有时捕杀比自己身体大数十倍的动物，如驼鹿，要捕杀这样硕大的动物，没有一个严密的社会组织结构是难以实现的。一些生活在北方的猎民，喜欢利用犬围扑野猪及其他大型猎物。

二、犬的驯化

早在狩猎采集时代，人们就已经驯养犬作为狩猎时的助手。因此，犬算是人类最早驯养的家畜。有些学者则认为狼在 14 000 年前，甚至可能在 16 000 年前的亚洲东南部，就已经被人类从野生狼驯化为家畜，即犬，用来打猎和看家护院。河北武安磁山、河南新郑裴李岗、浙江余姚河姆渡等遗址，都出土过犬骨骼，足证其驯养历史久远。山东胶县三里河出土的犬形鬶（guī，古代一种形状像鼎的陶制炊具，有三个空心的足），造型生动逼真，使我们得见新石器时代家犬的形态特征。陕西西安半坡遗址出土的犬骨，头骨较小，额骨突出，肉裂齿小，下颌骨水平边缘弯曲，与现在华北狼有很大区别，说明人类驯养犬的历史确实很早。

三、犬与人关系

在新石器时代犬可以为先民们提供肉、皮、毛等生活资料。犬作为最早出现的家养动物之一，也是先民们与家养动物中打交道最早的，从先民们在洞中生活的情景不难看出，当时犬已同人类结下了不解之缘。当主人上山狩猎的时候，犬也同主人一同打猎，在漫长的岁月中一同进化，形影不离。在河姆渡新石器时代遗址考古发掘中发现了骨镞、骨哨、骨鱼镖、石球等狩猎工具，值得一提的是骨哨，它是一种具有特色狩猎工具，先民们可以利用这种骨哨来传递信息，也可以用来诱捕野兽，还可以利用这种骨哨声来传递人与犬之间的一种特殊信号，不过这只是从逻辑上的推测和探讨。在远古时代随着生产力的发展，人类开始从散居漂泊的生活方式逐步转向聚居、稳定的生活方式，由分散的狩猎转变成群体的狩猎活动，人类已经形成了小规模的生产模式，随着农耕文明的出现给饲养家畜动物提供稳定和充足的食物来源，在这个时期先民们首先想到的是怎样利用犬来为自己更好的服务，人与犬逐步形成了相互利用的关系，犬利用人来保护自己不被其他动物伤害，人类利用犬的忠诚为自己服务，另外人类可以利用犬捕获其他动物以获得更多的肉食资源来满足生活所需。

随着时间的推移，犬在与人类相处中担当多种角色：守卫、捕猎、打仗、导盲、捕鼠、拖曳、暖脚、提供毛皮和肉，其中最重要的是做人类的好伙伴。

在世界许多地方，因地域需要，犬往往会做些有趣的工作。如今比利时、荷兰、德国以及瑞典还用犬拉车；澳大利亚土著在寒冷的夜晚睡觉时，常抱着澳大利亚犬取暖，土著妇女在不背婴儿时，常“披上”一只犬，让它懒散地横卧于腰部温暖自己的肾；阿兹特克人除用犬毛皮做衣服外，还培育了不会吠叫且无毛的犬供食用。

战斗犬：古罗马时期，人们让獒犬身披轻甲，背缚致命的尖钉和盛有燃烧着硫黄和松香的大锅投入战斗，中世纪时期用这个办法来对付骑马的武士。俄国人在近代战争中延续此做法，让驯犬敢死队背缚地雷冲向德国坦克车的两条履带之间，一旦地雷上的垂直天线触到金属坦克，地雷就会爆炸。

工作犬：犬的警觉、喜好、充沛的活力和持久力使它适合繁忙的“工作”。有些犬天生适合工作，从事放牧和拖曳也很专心。例如来自多雪地区的爱斯基摩犬，具备惊人的拉力和持久力，可拉动沉重负载的雪橇。

导盲犬：拉布拉多猎犬、金毛寻回犬或德国牧羊犬等出色的犬，经过特殊训练后十分适合充当盲人的“眼睛”。盲人要完全依赖他（她），因此要求对犬的训练必须严格而且全面。导盲犬提供的加倍保证和安全性，可使导盲工作成为重要而有价值的犬科动物“职业”。

在我们生活、工作和其他活动区域里到处可以看到种类繁多的宠物，有犬、猫、鸡、鸟、鸽子等，而且种类和数量还在不断增加。在城市化快速发展的今天，人的生活和活动的空间显得越来越小，人与人的交流和交往也越来越少，而宠物作为很好的生活伴侣，可以帮助人们缓解生活的孤寂，调节心理健康。

四、猫进化史

猫作为物种绵延千年，生生不息，在漫长的进化史中，它并不是一开始就长成了现在的可爱模样，而是在不同的历史时期有着不同的特征。最初猫的祖先完全继承猫科动物的体型，它们身材魁梧，在艰苦的环境中磨砺着野性，与如今的家猫形象极为不同。

约在 940 万年前，在亚洲产生了亚洲金猫谱系，这也是最早的猫亚科动物。目前主要生活在东南亚、印度中部以及与缅甸的交界地带。约在 670 万年前，在北美洲进化出了美洲金猫谱系，这一谱系分化出了美洲金猫属和猎豹属。在 300 万到 200 万年前，巴拿马地峡隆起，南北美洲相连，部分美洲金猫（包括美洲狮、美洲虎和细腰猫）进入了南美洲并延续至今。而留在北美的美洲金猫和北美猎豹则在 1.2 万年前的更新世消失。北美猎豹的一支在几百万年前回到旧大陆，形成了如今的猎豹（包括非洲猎豹和亚洲猎豹），而美洲狮在后来也回到了北美洲。

约在 620 万年前，在北美洲进化出了豹猫谱系，它们和猎豹以及猫谱系的祖先一起越过白令路桥回到旧大陆，目前这一谱系主要生活在亚洲东部和南部地区。约在 340 万年前，和豹猫谱系一同回到旧大陆的猫谱系祖先，从它的原始种群中脱离出来并迅速扩张到欧亚大陆和非洲的大部分地区，其中一支亚洲野猫谱系约在 1.8 万年前在以色列与近东地区被驯化，用于捕捉啃食粮食的啮齿类动物，它们也就是现今家猫的共同祖先。

狼最初能够适应人类生活是因为它们的社会行为在许多方面与人类相匹配。然而猫是独来独往并拥有固定领地的猎兽，它们大多活跃在夜间，猫的捕猎行为促使它们与人类环境相接触，守护领土的强烈本能驱使它们不断出现在相同的地方。

驯养猫的历史要比犬晚得多。在公元前 7 000 年，在中东形成了“新月形米粮仓”地带。家宅、谷仓和粮食商店的出现为鼠类及其他小型哺乳类动物提供了新的生存环境，而这些动物正好是小型野猫的理想猎物。从一开始，人与猫之间就建立起互利关系：猫获得了丰富的食物来源，而人类免除了啮齿动物的困扰。最初，这些野猫的存在可能被人类所接受甚至受到鼓励，不时抛给一些食物，较为温顺的一些野猫逐渐被吸纳进人人类社会，由此产生了最早的半驯化猫群体。

家猫几乎可以肯定是遍布于欧洲、非洲和南亚的小型野猫的后裔。在这片广袤的地域内，根据当地的环境和气候条件，演变出无数个野猫亚种群。研究发现，它们的外观不尽相同，生活在北方的欧洲野猫身材粗壮，短耳，厚皮毛；生活在非洲的野猫身材更修长，长耳，长腿；生活在南亚的亚洲野猫则身材小巧，身上带斑点。

研究发现，在 5500 年前，中国就有自己的家猫品种了。第一种同人类生活在一起的猫科动物，是亚洲豹猫的近缘。这项研究指出“驯养”猫至少两次出现在世界上不同地区，而且是两种不同种类的猫。2001 年在中国北部陕西省古农业文明定居的遗址中出土的猫的骨骼，可以追溯到公元前 3500 年到公元前 3000 年。为了确定这些骨骼是源自哪种猫科，这些骨骼是否同属于西方驯化的猫科品种，科学家们采用了几何形态学分析的研究方法。

通过分析山西省和河南省五种猫骨的上颌骨（这五种猫骨都可以追溯到公元前 3500 年到公元前 2900 年前）发现所有的猫骨都属于豹猫，这是一种同家猫有着相似大小但腿略长且头略小的品种，而且现仍生活在亚洲大部分地区的野外。

这种野猫是西方野猫的“远亲”，因其经常出现在人口密集的地区而为人所熟知。研究人员发现随着农业的发展，猫和人类就开始一起生活了。原因可能是两者都发现了各自在“抓老鼠能力”中的好处。

猫适合成为宠物的原因：

（1）体型合适：若体型太大，占用食物资源太多，必须输出劳力才能平衡消耗的食物，反例是牛、驴和马；若体型太小，相应的寿命太短，反例是鸡、鼠。

（2）智力、驯服度较高：较少主动走失，可以和人沟通，很少会主动攻击和杀死主人，反例是鹿、豹子、大象；相对比较清洁，没有浓烈异味等，反例是猪、狐狸。

（3）食用之外对村庄、城镇生活的实用价值：在农业社会中有捕鼠、看家的作用，反例是山羊。

五、宠物美容进化史

宠物美容技术的起源来自贵宾犬，最早贵宾犬曾担任鸟猎犬的工作，在树林、矮木树丛中穿梭，一身浓密的卷毛容易被树枝勾住，很不方便，主人为了改善这些困扰，将它的一身卷毛剪短，渐渐就发展出各式各样有趣的造型。

伊丽莎白时代揭示了一些最早的宠物美容活动的历史证据。在女王的皇宫里，没被修剪整齐的狗是难以忍受的。不少版画和绘画展示了贵族女人们抱着他们的狗，修剪着它们的毛发。那时的人们认为，饲养一只狗不仅意味着拥有同伴，因为它们看上去不太实用的毛发需要大量的时间打理，于是一只精心打扮的宠物狗，就成了有钱有闲的标志。将它们的颈部佩戴和人类相似的领子和珠宝，成为家庭中的高贵成员。

法国国王路易十五时期，诞生了第一个可考的狗美容院。到了第一共和国时期，贵宾犬成了法国的国犬。这种狗的兴盛，很大程度上带动了犬类美容的潮流。贵宾的卷毛不易护理，容易显得脏乱，所以人们开始为这种狗设计各种更易护理的新型修剪式样。经过不断的发展，最终形成了最为主流的欧洲大陆式修剪。这种修剪方式只在其头部及重要的身体器官（臀部、脚踝、尾巴和胸部）保留鬃毛，而后背、后腿及臀部毛发则被全部或部分剃光，使贵宾犬看上去非常像狮子。尽管现在在修剪细节上已经有了改动，但基于历史原因，英国人仍然称这种修剪为狮子型修剪。

19 世纪时，关于犬美容的书籍开始出版，1879 年出版的《狗的书》（Velo Shanw，1879）就给出了不少具体的美容建议，如狗毛发的洗涤、梳理和分层护理。在这段时间里，狗的发型也越来越多地模仿女人的发型。

【工作任务】

【任务目标与质量要求】

◇ 能够了解宠物的品种及生活习性。

【学习产出目标】

◇ 查阅资料，完成品种及其习性的学习。

品种：
习性：

品种：

习性：

品种：

习性：

品种：

习性：

◇ 观察并记录犬、猫的主要生活习性

① 列举出犬与美容有关的主要习性
② 列举出猫与美容有关的主要习性

【考核评价】

【工作任务实施记录与评价】

一、公共考核项目（30 分）

指标与分值	考核内容与分值	评分标准	得分
劳动纪律	1. 出满勤，做到不迟到、不早退	以考勤簿为准，无故迟到或早退，一次扣 0.5 分，无故旷工一天扣 1.5 分	
	2. 上班坚守工作岗位，不串岗、不脱岗、不做私活、不玩手机游戏等	上班时擅自离岗、串岗、做私活等发现一次扣 0.5 分，被投诉一次扣 1.5 分	
	3. 上班时衣帽整洁，不穿拖鞋，佩证上岗	违反一次扣 0.5 分	
	4. 遵守实习单位的卫生法律法规及相关管理制度	违反一次扣 1 分	

二、工作岗位考核项目（30 分）

岗位职责	1. 完成本职工作	服从实习单位安排的工作内容，按照工作流程完成本职工作的为 60 分	
	2. 认真执行岗位技术规范	发现不规范每一次扣 1 分	
	3. 无差错事故及纠纷发生	差错未造成损害一次扣 5 分，造成损害赔偿直接扣 30 分	
	4. 与客户交流和沟通，自觉接受监督，构建和谐关系	沟通不到位扣 2 分，发生纠纷扣 30 分	

三、岗位学习考核项目（20 分）

	日期	师傅指导记录	工作任务完成质量评价	评价成绩	
岗位学习			优 良 中 差		
			优 良 中 差		
			优 良 中 差		
			优 良 中 差		
			优 良 中 差		
			优 良 中 差		

四、学徒关键职业能力及职业品质、工匠精神评价（20 分）

项目	A	B	C	D
工作态度				
吃苦耐劳				
团队协作				
沟通交流				
学习钻研				
认真负责				
诚实守信				

学徒任务2
犬猫解剖知识

【专业知识准备】

一、犬骨骼结构图（图 3-1）

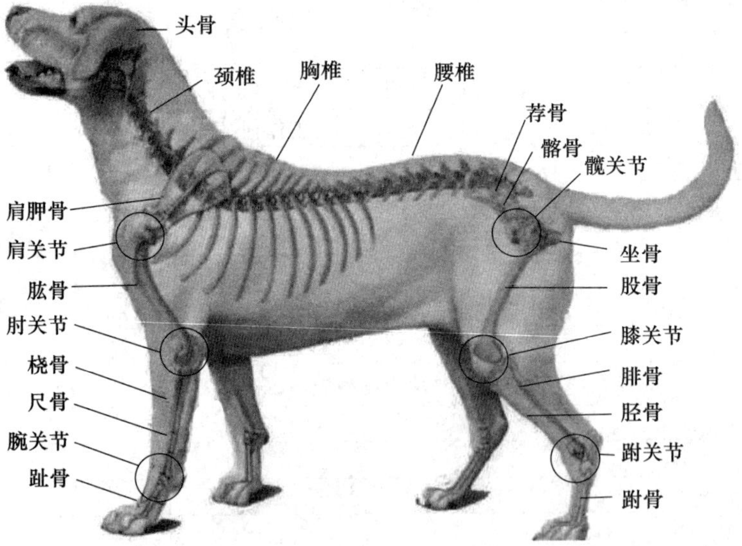

图 3-1 犬骨骼结构图

二、犬身体部位结构图（图 3-2）

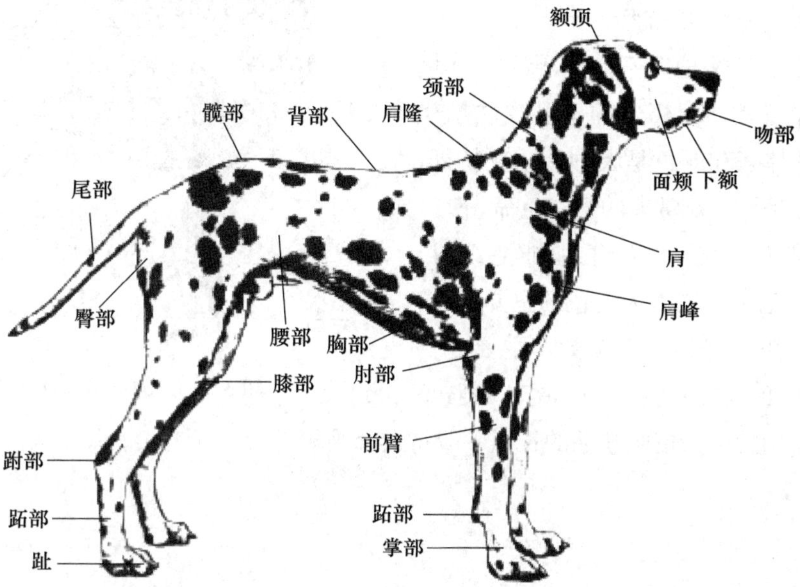

图 3-2 犬身体部位结构图

三、犬专业术语

口吻：鼻尖到两眼间。

额段：两眼之间的凹陷处。

脖子：从枕骨到肩胛骨最高点。

背线：从肩胛骨最高点到尾根。

尾位：尾巴在身体上所处的位置和尾巴所处的角度。

腹线：肘关节到后肢与身体连接处的软皮。

腰线：腰在身体上的宽度，松皮的位置。

膝盖线：后肢与身体连接处的软皮到脚尖。

尾线：从尾根到坐骨端。

飞节角度：从坐骨端到飞节，股骨与胫腓骨相夹所产生的角度。

四、犬的体高与体长

犬的体型主要以体高（肩高）和体长来衡量（图 3-3）。

体高：指从肩部最高点（鬐甲的最高点）到地面的垂直距离。

体长：指肩胛的最前缘到坐骨结节后缘的水平距离。

五、犬的被毛

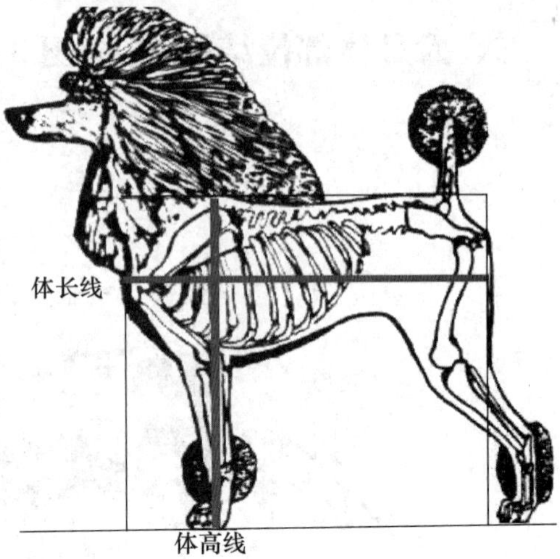

图 3-3　犬的体高与体长

根据犬的被毛长短不同，可分为短毛犬、长毛犬、丝毛犬和无毛犬。

犬的被毛是保护犬不受外界不良环境的影响，保持其体温恒定的重要皮肤衍生物。被毛的体态和颜色是犬种的重要特征，华丽的被毛是许多玩赏犬的第二生命。

犬的被毛由覆毛、绒毛和饰毛组成。覆毛又称上毛，是构成犬毛色的主要部位，一般毛长且粗，有髓毛占多数，主要起保温作用。饰毛是指着生于耳、尾、四肢下部起装饰作用的毛。按照被毛的长短一般将犬分为短毛犬、无毛犬、长毛犬和丝毛犬。

【工作任务】

【任务目标与质量要求】

◇ 能较熟练地指出犬、猫机体各主要部位，以及各组织器官的体表投影。

【学习产出目标】

◇ 画出犬的外形图并标记各部位名称。

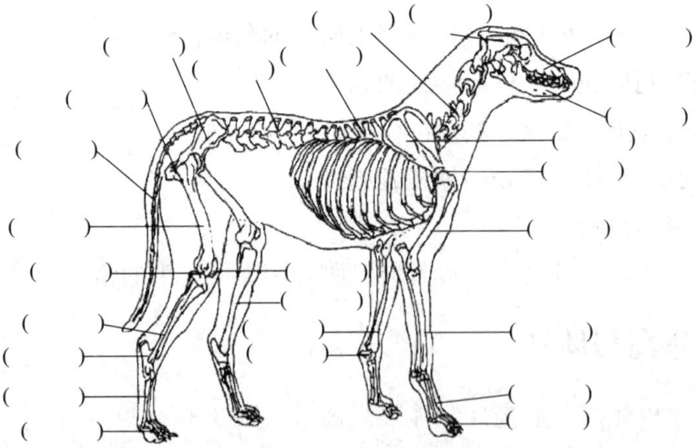

◇ 在图上标出常用犬美容的部位。

（口吻、额段；鼻段，枕骨，颈线；喉结；最后肋骨；膝盖骨；飞节，肘部；股线；飞节角度；顶毛；尾球；背线、尾位，腰线；脚圆）

【考核评价】

【工作任务实施记录与评价】

一、公共考核项目（30 分）			
指标与分值	考核内容与分值	评分标准	得分
劳动纪律	1. 出满勤，做到不迟到、不早退	以考勤簿为准，无故迟到或早退，一次扣 0.5 分，无故旷工一天扣 1.5 分	
	2. 上班坚守工作岗位，不串岗、不脱岗、不做私活、不玩手机游戏等	上班时擅自离岗、串岗、做私活等发现一次扣 0.5 分，被投诉一次扣 1.5 分	
	3. 上班时衣帽整洁，不穿拖鞋，佩证上岗	发现一次做不到扣 0.5 分	
	4. 遵守实习单位的卫生法律法规及相关管理制度	违反一次扣 1 分	
二、工作岗位考核项目（30 分）			
岗位职责	1. 完成本职工作	服从实习单位安排的工作内容，按照工作流程完成本职工作的为 60 分	
	2. 认真执行岗位技术规范	发现不规范每一次扣 1 分	
	3. 无差错事故及纠纷发生	差错未造成损害一次扣 5 分，造成损害赔偿扣 100 分	
	4. 与客户交流和沟通，自觉接受监督，构建和谐关系	沟通不到位扣 2 分，发生纠纷扣 30 分	

续表

三、岗位学习考核项目（20 分）

	日期	师傅指导记录	工作任务完成质量评价	评价成绩	
岗位学习			优　良　中　差		
			优　良　中　差		
			优　良　中　差		
			优　良　中　差		
			优　良　中　差		
			优　良　中　差		

四、学徒关键职业能力及职业品质、工匠精神评价（20 分）

项目	A	B	C	D
工作态度				
吃苦耐劳				
团队协作				
沟通交流				
学习钻研				
认真负责				
诚实守信				

The fourth part

The fourth part

第四部分

犬、猫的基础护理

The fourth part

The fourth part

学徒任务1
犬、猫的接近与保定方法

【专业知识准备】

一、保定的目的和要求

1. 保定的目的

通过控制犬、猫的活动和行为，来辅助完成一些操作，例如剪趾甲和剪毛，保证美容过程的顺利进行且对宠物不会造成伤害及应激。

2. 保定的要求

（1）根据犬、猫的具体情况，采用简单、牢靠、实用而又便于解脱的方法。

（2）不能使用因为担心犬、猫挣扎而造成犬、猫损伤的保定方法。

（3）保定时不能太粗鲁，给客户留下不好印象，切记不能虐待宠物。

二、接近犬、猫时注意事项

1. 在做任何操作前首先让犬、猫熟悉你。

2. 第一次接近陌生宠物时要询问主人其是否具有攻击性。在不确定的情况下不要直接去抚摸和搂抱宠物，以免受到伤害。

3. 最好是主人将宠物递给你，接过后轻拍和爱抚宠物的下颌以及胸侧，同时亲切地叫它的名字，对宠物来说这是友好的表示。

4. 当接近宠物时，一只手掌向下，让宠物靠近保定者而不是保定者靠近宠物。如果是友好的宠物，它会走近保定者并向其摇尾巴，甚至会舔你的手掌。这是一个积极信号，宠物很可能会配合基本的保定操作。

5. 接近宠物的时候，应该从侧面接近它，要边唤它的名字边靠近。然后一只手握拳，将拳头的背面慢慢伸向宠物的鼻子下面，在其视线下方用手背去试探，让它熟悉你的气味，使其安定。

三、正确抱犬

怎样正确抱犬，这是非常讲究的，如果抱犬的姿势不正确，就会使犬疼痛或者感觉不舒适。我们不能像抱小孩一样仰面朝天地抱犬，因为几乎所有的动物都不愿意暴露相对柔弱的腹部，这是它们的天性。绝不可以抓拽犬的尾巴、耳朵甚至背部的皮，这些部位都是犬敏感的地方，会让它很不舒服。

1. 抱小型犬的正确姿势

需要一只手托住犬的胸部，另一只手托住它的臀部。注意在托住胸部时，手指要分开，手指夹住犬的两条前腿，用手臂把犬夹紧。这样会让其更有安全感，感到舒适（图 4-1）。

2. 抱中型犬的正确姿势

抱时需要先弯曲一条手臂，然后让犬坐在手臂上，再用另一只手臂环绕着它，稳稳地抱住犬，让它感觉到安全、舒适（图 4-2）。

图 4-1　抱小型犬的正确姿势

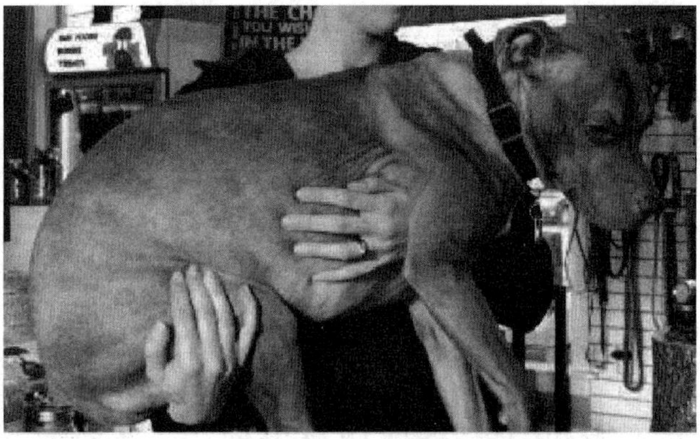

图 4-2　抱中型犬的正确姿势

3. 抱大型犬的正确姿势

如果一定要抱大型犬，要注意在抱的时候不要托着它的腹部，让其四条腿悬空，这样它会感到很不安。我们可以用双臂环绕着把它的四条腿抱拢，托住大腿，不让犬过分的挣扎，然后将它抱起（图 4-3）。

4. 错误的抱犬方法

① 不要牵扯腿部。千万别把犬当宝宝抱，很多人会在抱犬时揪起前腿或后腿，当它们的关节承受不住体重时，就有脱臼的危险。即使从前肢腋下举起也不可以，因为

会拉伤它们的韧带导致撕裂，甚至令肩关节脱落或移位。如果是关节开始退化的老年犬，抱它们时就更不应触及关节（图 4-4）。

图 4-3　抱大型犬的正确姿势

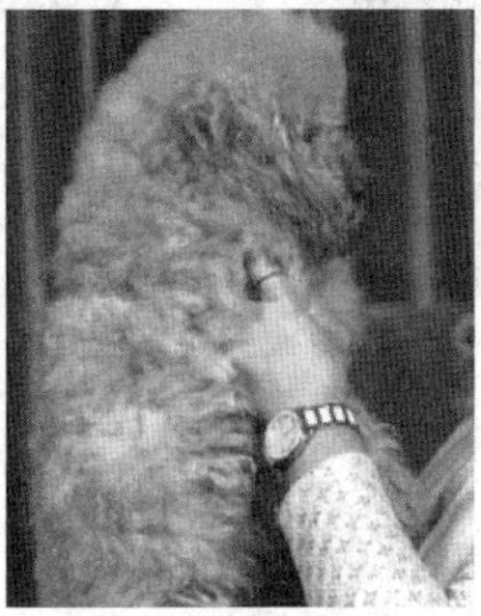

图 4-4　牵扯狗腿

② 不要揪其后颈。支持揪后颈的人常说："狗妈妈都是直接咬狗崽子的后颈的。"没错，但那只是幼犬出生后短期内的行为，随着犬长大就不应再那样做，尤其是有一定重量的犬，揪后颈对它来说就是很不自然、不舒服，甚至痛苦的动作（图 4-5）。

③ 不要封喉扯尾。犬的颈部其实很脆弱，抓颈式抱起会伤及喉咙和气管，即使不窒息也会造成严重伤害。尾巴就更不用说了，扯尾可能会影响它们大小便，若伤及尾神经及结构，会令尾部永久失去活动能力（图 4-6）。

图 4-5　揪狗后颈

图 4-6　扯尾

④ 不能同时抱两只犬。同时抱两只犬，容易引起两只犬的争斗，或因抱不稳而掉落（图 4-7）。

⑤ 犬不喜欢被婴儿抱。不要让其脸朝上，因为肚子对它来说是很敏感的，肚子朝上是很难受的。如果总是肚子朝上，犬会觉得极其没有安全感，久而久之，就不愿意让你抱了（图 4-8）。

图 4-7　同时抱两只犬

图 4-8　婴儿抱

四、美容过程中犬的保定方法

犬经过人们的驯化饲养，能听主人的话，按主人的意图办事。在美容时，可能会因为恐惧咬伤或抓伤工作人员，或由于骚动而影响美容操作，所以在美容时应给予适当的保定。犬的保定方法有以下几种。

1. 语言保定法

犬不懂人说的话，不明白每个字的意思，但是对人的语气和手势则很敏感。当犬吠叫或者动的时候，我们就大声说“NO”或“不动”，通过坚定的语气震慑它，或者同时将其嘴用手握住，它也就不再继续叫了，这个办法能够使犬短暂的保持安静，可继续进行操作。切记不能打它。

2. 美容台保定法

选择一个大小合适、稳固的美容台，把宠物犬放置在美容台上。为防止犬从美容台上跳下，要用美容台上的绳圈套住犬。先根据犬只大小调整美容台固定杆的高度，将绳圈套过头部和一侧前肢，斜跨于犬的前身，调整绳圈大小至适当位置，不可过紧或过松。根据美容时的需要，调整绳圈的位置、大小。修剪前肢和颈部时，可将绳圈套过两后肢，跨在犬的腰部（图 4-9）。

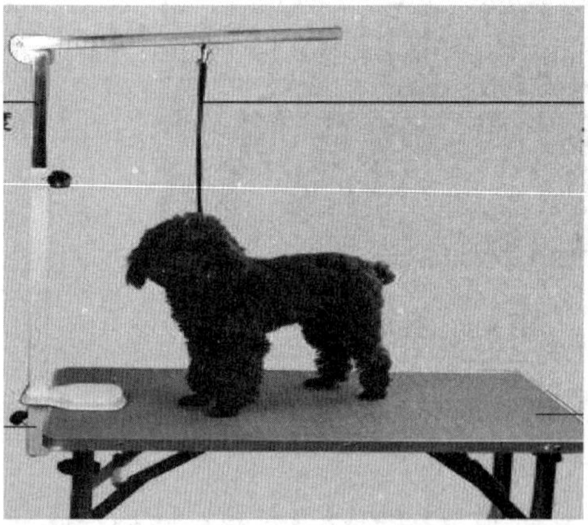

图 4-9　美容台保定

3. 徒手保定法

保持与犬身体方向相反，用胳膊夹住犬的肩部，一只手抓住犬的脚部，另一只手工作，此法称为反身固定法（图 4-10）。

保持与犬身体方向相同，操作方法与反身固定法相似，称为正身固定法（图 4-11）。

图 4-10　反身固定法

图 4-11　正身固定法

4. 扎口或口笼保定法

对于一些比较凶的犬、猫，可以用绷带或口笼来防止其乱咬。用纱布绷带条，先做一个打外科节的环，然后将环套在犬的嘴巴上，使打结处在犬嘴巴的腹侧面，拉紧，然后将绷带的两端拉到犬头部的后面，在后面打个活结，最后再按上面徒手保定法所述进行保定（图 4-12）。如果用口笼，就可以直接将口笼套在犬嘴巴上，然后在犬的头后部固定即可（图 4-13）。

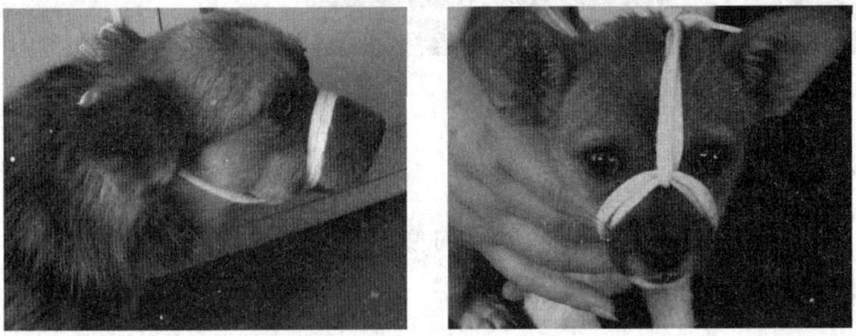

图 4-12　扎口保定

图 4-13　口笼保定

5. 伊丽莎白项圈保定法

将伊丽莎白项圈围成圆环套在犬、猫颈部，然后利用上面的扣带将其固定，形成前大后小的漏斗状（图 4-14）。

五、美容过程中猫的保定方法

猫对陌生人或陌生环境会表现出比犬更胆怯、惊慌，所以当陌生人伸手触摸时，猫易愤怒，此时猫耳朵一般向后伸展，同时发出嘶吼的声音或者四肢开始抓咬。

1. 徒手保定法

一手抓住猫的头顶和颈后的皮肤（俗称顶挂皮），另一只手将其两后肢拉直握住。如果猫的脾气比较暴躁，实施保定的人可以一手抓住它颈背部的皮肤，另一只手抓住两条后腿，让它侧卧于美容台上，然后两手轻轻帮猫舒展身体（图 4-15）。

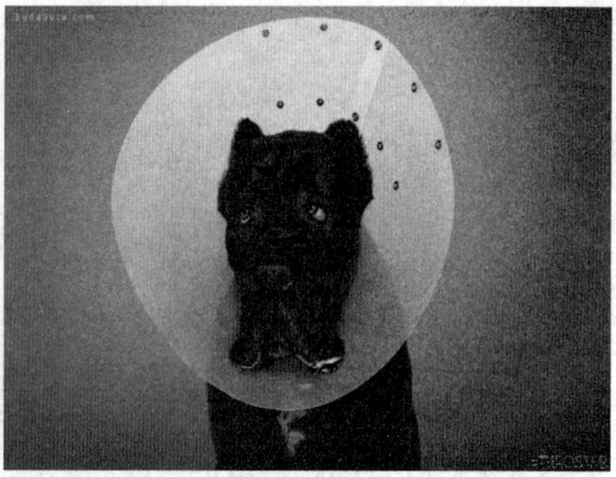

图 4-14　伊丽莎白项圈保定

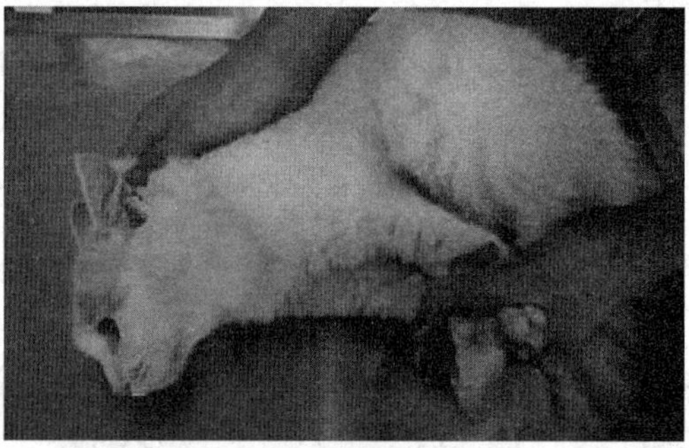

图 4-15　徒手保定法

2. 保定架保定法

这个方法比较简单，只要将猫捉住后放到保定筒内使它的躯干得以固定就可以了，当然猫的其他部位都会露在筒外（图 4-16）。

图 4-16　保定架保定法

3. 伊丽莎白项圈保定法

与犬使用方法相同（图 4-17）。

4. 猫袋保定法

猫袋可自制或购买专业的，一般由质量较好的帆布制作而成。选用与猫体大小相同的猫袋，将猫从开口端装进去，另一头用猫袋绳拉紧。需要露出头部或臀部由袋口和袋绳掌握（图 4-18）。

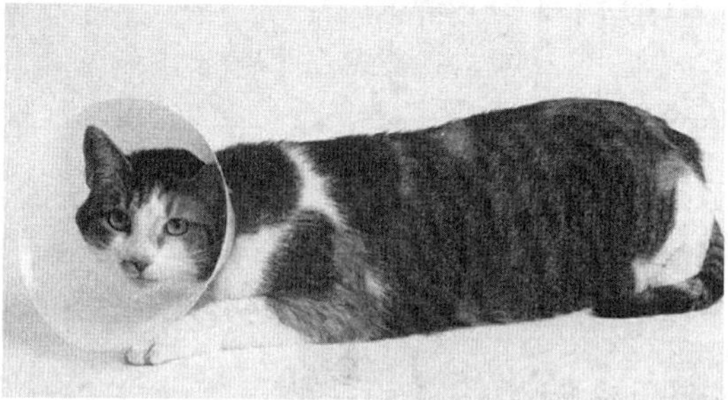

图 4-17　伊丽莎白项圈保定

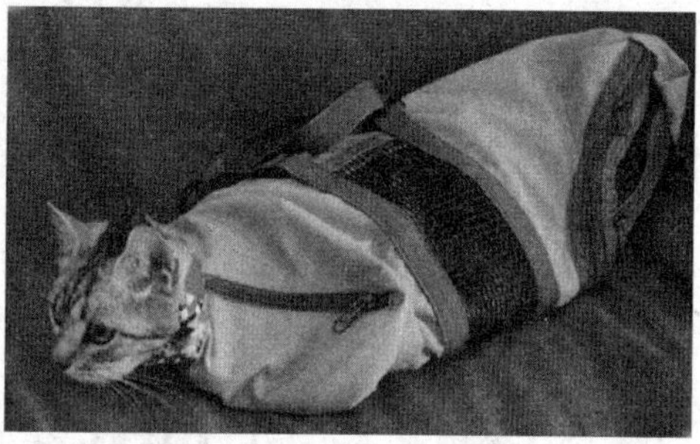

图 4-18　猫袋保定法

猫的美容保定方法很多，究竟应该如何选择，要根据猫的具体情况而定。

【典型案例】

宠物美容师的工作其实是非常危险的，并不是我们想象中那样，都是乖乖的小狗随你摆弄，往往是每天都要面对大型犬，或是对陌生人非常有敌意的犬，也经常会看到宠物美容师对宠物施暴的报道。美容师经常会遇到主人说宠物很乖，但宠物其实有攻击性。在美容台上经常会出现宠物攻击人的情况，美容师的手会被咬伤、抓伤（图 4-19）。

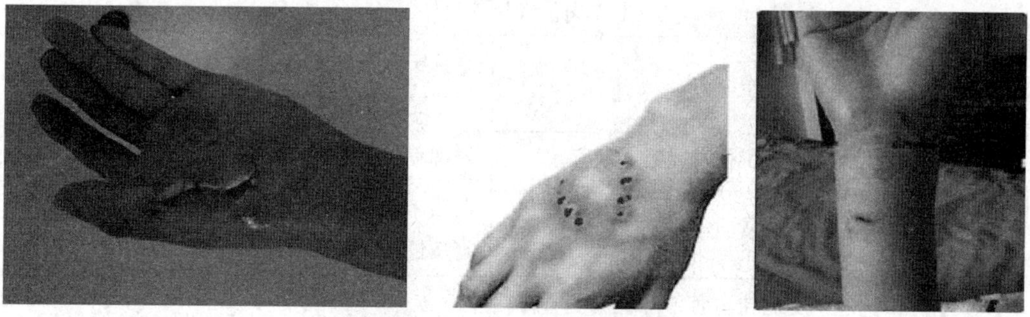

图 4-19　受伤的美容师

【工作任务】

【任务目标与质量要求】

◇ 在师傅指导下，练习犬、猫的保定，确保自己和犬、猫都不受到伤害。

【学习产出目标】

◇ 在师傅指导下，在日常工作中完成操作练习。

【考核评价】

【工作任务实施记录与评价】

一、公共考核项目（30分）			
指标与分值	考核内容与分值	评分标准	得分
劳动纪律	1. 出满勤，做到不迟到、不早退	以考勤簿为准，无故迟到或早退，一次扣0.5分，无故旷工一天扣1.5分	
	2. 上班坚守工作岗位，不串岗、不脱岗、不做私活、不玩手机游戏等	上班时擅自离岗、串岗、做私活等发现一次扣0.5分，被投诉一次扣1.5分	
	3. 上班时衣帽整洁，不穿拖鞋，佩证上岗	发现一次扣0.5分	
	4. 遵守实习单位的卫生法律法规及相关管理制度	违反一次扣1分	
二、工作岗位考核项目（30分）			
岗位职责	1. 完成本职工作	服从实习单位的工作安排，按照工作流程完成本职工作的为60分	
	2. 认真执行岗位技术规范	发现不规范每一次扣1分	
	3. 无差错事故及纠纷发生	差错未造成损害一次扣5分，造成损害赔偿扣100分。	
	4. 与客户交流和沟通，自觉接受监督，构建和谐关系	沟通不到位扣2分，发生纠纷扣30分	

续表

三、岗位学习考核项目（20 分）

	日期	师傅指导记录	工作任务完成质量评价	评价成绩	
岗位学习			优　良　中　差		
			优　良　中　差		
			优　良　中　差		
			优　良　中　差		
			优　良　中　差		
			优　良　中　差		

四、学徒关键职业能力及职业品质、工匠精神评价（20 分）

项目	A	B	C	D
工作态度				
吃苦耐劳				
团队协作				
沟通交流				
学习钻研				
认真负责				
诚实守信				

学徒任务2
被毛的刷理和梳理

【专业知识准备】

犬的被毛具有保护犬免受外界刺激，维持正常体温的作用。梳刷犬、猫的被毛，不但可以增进人与犬、猫之间的感情，而且还有益于犬、猫的皮肤健康。被毛的梳刷是被毛护理的第一步，也是最重要的一步，通过梳刷能够去除死毛和死皮，促进血液循环，有利于被毛的生长，同时还能刺激皮肤均匀分泌油脂，增加被毛光泽感，起到皮肤保健的作用。梳理被毛不但可以初步改变犬、猫的整体形象，也是后续美容操作的基础。必须将被毛梳理通顺后才能洗澡，如果是杂乱的被毛湿润后会更加凌乱，一些小的毛结会因湿水而缠绕成更大的结。

一、工具及使用

1. 针梳

梳面多为金属细丝组成，柄端由塑料或木头制成。根据犬的大小，可选用不同型号的钢丝梳梳毛（图 4-20）。

用途：针梳是去除死毛、毛球以及拉直毛发的必备工具，适合贵宾犬、比熊犬及㹴类犬腿部使用。

使用方法：用右手握住梳子，将大拇指按在梳面背部，其他四个手指齐握梳面前端的下方。放松肩膀和手臂，利用手腕旋转的力量，注意动作要轻柔。

2. 木柄针梳

柄端多为木制，梳身底部为弹力胶皮垫，上面均匀排列若干金属针（图 4-21）。

用途：用于刷理犬只毛发，适合长毛犬种使用，可将其毛发梳理通顺。

图 4-20　针梳

图 4-21　木柄针梳

使用方法：右手轻轻握住梳柄，食指放在梳面背部，其他四个手指握住梳柄。放松肩膀和手臂，利用手腕旋转的力量，注意动作要轻柔。

3. 鬃毛刷

主要以兽毛制品、塑料制品为主，形状则分为带柄及椭圆形刷子，按犬只大小分为不同型号（图 4-22）。

用途：用于短毛犬的日常护理，可去除皮屑及杂毛，经常使用可使被毛有光泽。

使用方法：如是不带柄的刷子，可将手伸入刷面背部的套绳内；如是带柄的刷子，用法与木柄针梳相同。

4. 排梳

排梳作为标准美容师梳，其材质以金属为主，不仅持久耐用，而且避免了梳子与毛发摩擦产生静电，又称“窄宽齿梳”。以梳子中间为界限，梳面一面较疏、一面较密（图 4-23）。

图 4-22　鬃毛刷

图 4-23　排梳

用途：用于梳理刷过的被毛以及挑松毛发便于修剪整齐，是全世界专业宠物美容师最常用的美容工具。

使用方法：将梳子拿在手中，用拇指、食指、中指轻轻握住梳子的柄部，使用时运用手腕的力量，注意动作要轻柔。

5. 面虱梳

外形小巧，梳齿间距较密（图 4-24）。

用途：用于面部毛发梳理，能够有效去除宠物眼部周围的脏物。

使用方法：将梳子拿在手中，用拇指、食指、中指轻轻握住梳子的柄部，使用时运用手腕的力量，注意动作轻柔。

6. 极密齿梳

极密齿梳是指梳齿更为紧密的梳子（图 4-25）。

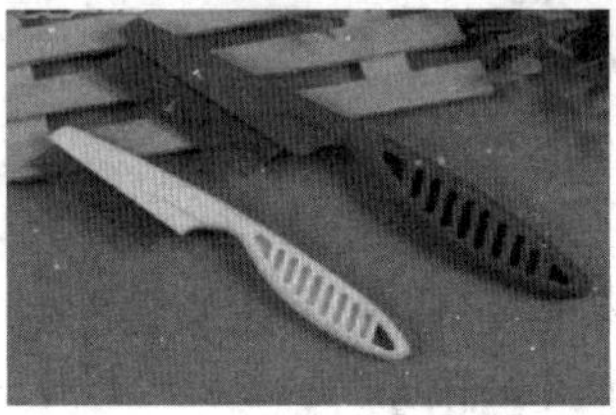

图 4-24　面虱梳

图 4-25　极密齿梳

用途：用于身体带有体外寄生虫的犬只，可有效剔除毛发隐藏的跳蚤和蜱等。

使用方法：将梳子拿在手中，用拇指、食指、中指轻轻握住梳子的柄部，使用时运用手腕的力量，注意动作轻柔。

二、工具的选择

平毛犬：鬃毛刷、针梳。

中长毛犬：针梳、排梳。

长毛犬：柄梳、针梳、排梳。

三、梳理的顺序

通常从犬的左侧后肢开始，由下向上，从左至右，依次刷理后肢—臀部—体躯—肩部—前肢—前胸—颈部—头部。一侧刷理完毕换另一侧，最后刷理尾部，注意刷理肩部时不要忽略腋窝部位。

四、梳理次数

一般早晚各梳毛 1 次，每次梳毛 5 分钟。

洗澡之前要将毛梳理通顺。

春秋两季换毛时，必须每天进行梳理。

发现虱、蜱、蚤等寄生虫（虫体或虫卵）寄生时，可用面虱梳、极密齿梳或使用杀虫药物治疗。

五、开结

图 4-26　开结刀

犬死毛长期未被梳落纠结在一起产生毛结，其在颈部、腋下比较容易打结。在洗澡前，要将毛结打开。

开结方法：较小的毛结用梳子梳开，较大的毛结用手、剪刀或开结刀把大结分成小结，再用梳子梳开。如果毛结很紧很大，可用剪刀顺毛根方向将毛结剪开，再梳理。如果还梳不开，则直接贴着皮肤将毛结剪除，但要小心不能伤及犬的皮肤（图 4-26）。

六、操作示范 （图 4-27 至图 4-29）

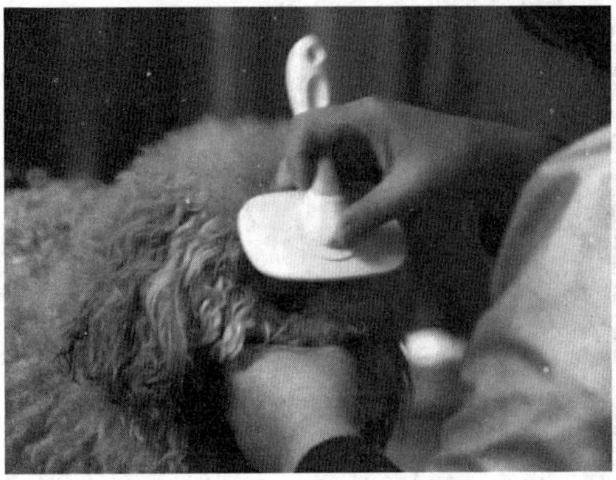

图 4-27　刷理

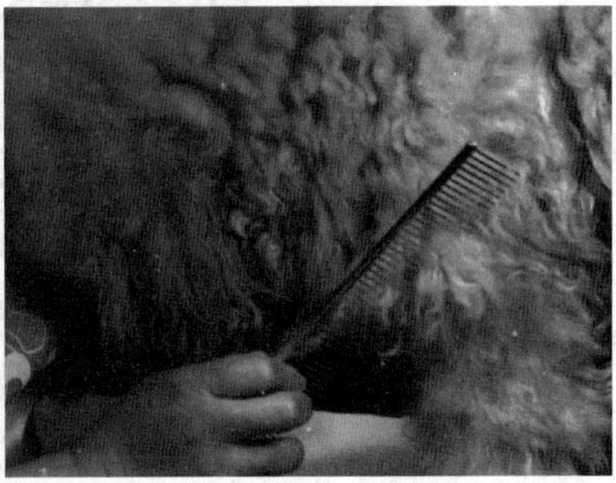

图 4-28　梳理

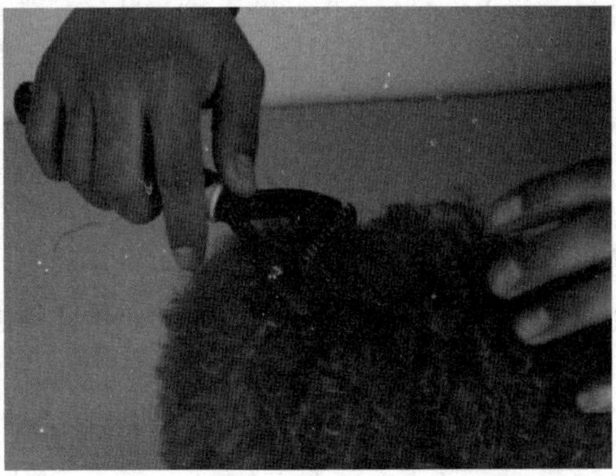

图 4-29　开结

七、注意事项

1. 梳毛时动作应柔和细致，不能粗暴蛮干，否则犬会疼痛，梳理敏感部位（如外生殖器）附近的被毛时尤其要小心。

2. 注意观察犬的皮肤。清洁的粉红色为良好，如果呈现红色丘疹，则有寄生虫、皮肤病、过敏等可能性，应及时治疗。

【典型案例】

导致犬被毛打结的主要原因是主人平时忽略了犬被毛的梳理，若长时间不进行疏通，而且犬平时还有穿衣习惯的话，那么就很容易导致被毛打结，甚至成团。到时候再将被毛梳通就会变得非常困难，甚至只能靠剃毛来解决。而对于严重打结的被毛我们也应当采取适当措施，不然对于犬的日常生活也有着一定的影响（图 4-30）。

图 4-30　被毛打结

打结的危害

1. 皮肤病

犬的被毛不止一层，所以一旦到打结的程度，那一定是很脏。这些毛结里藏污纳垢，分泌的油脂和吸附的灰尘很难清理干净，使皮肤密不透气，底层的毛比较潮湿，容易影响犬皮肤的健康。而犬在皮肤发痒的情况下，会经常抓、挠、舔，很容易患上皮肤病。

2. 虫卵繁殖

说到虫卵，就会想到一个词语叫“扪虱而谈”。现在的孩子不会明白这个词，因为他们基本不认识虱子和虱子的卵。虫卵繁殖的主要原因是脏乱和潮湿的环境，使犬打结的毛发里面容易滋生虫卵（图 4-31）。

3. 耳道疾病

犬的耳部是容易形成打结的一个部位，再加上有耳郭和耳道，如果打结严重，会影响耳部的透气性，容易滋生细菌，而细菌也会给一些“病虫害”提供“入侵”基础。

4. 剃光的副作用

将犬身上的毛剃光会导致它们皮肤的油脂遭到破坏，失去这些皮脂的保护，犬免疫力会下降，从而更容易得皮肤病，护理起来就更麻烦了（图 4-32）。

图 4-31　电剪快速修剪部分

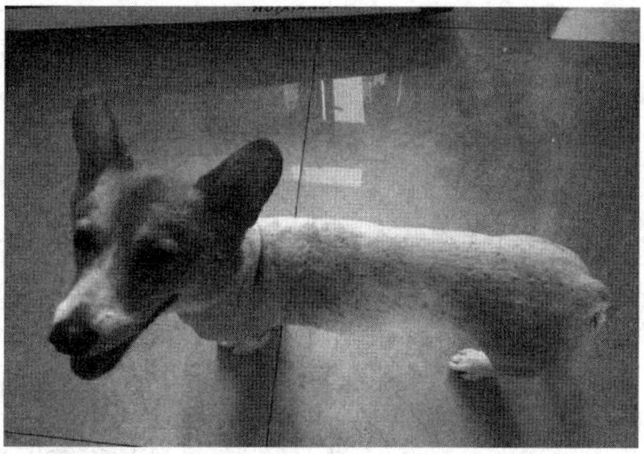

图 4-32　剃光的犬

【工作任务】

【任务目标与质量要求】

◇ 在师傅指导下，练习犬的被毛的刷理和梳理。

【学习产出目标】

◇ 在师傅指导下，在日常工作中完成操作练习。

【考核评价】

【工作任务实施记录与评价】

一、公共考核项目（30 分）			
指标与分值	考核内容与分值	评分标准	得分
劳动纪律	1. 出满勤，做到不迟到、不早退	以考勤簿为准，无故迟到或早退，一次扣 0.5 分，无故旷工一天扣 1.5 分	
	2. 上班坚守工作岗位，不串岗、不脱岗、不做私活、不玩手机游戏等	上班时擅自离岗、串岗、做私活等发现一次扣 0.5 分，被投诉一次扣 1.5 分	
	3. 上班时衣帽整洁，不穿拖鞋，佩证上岗	发现一次做不到扣 0.5 分	
	4. 遵守实习单位的卫生法律法规及相关管理制度	违反一次扣 1 分	

续表

二、工作岗位考核项目（30分）

岗位职责	1. 完成本职工作	服从实习单位安排的工作内容，按照工作流程完成本职工作的为60分	
	2. 认真执行岗位技术规范	发现不规范每一次扣1分	
	3. 无差错事故及纠纷发生	差错未造成损害一次扣5分，造成损害赔偿扣100分	
	4. 与客户交流和沟通，自觉接受监督，构建和谐关系	沟通不到位扣2分，发生纠纷扣30分	

三、岗位学习考核项目（20分）

	日期	师傅指导记录	工作任务完成质量评价	评价成绩	
岗位学习			优　良　中　差		
			优　良　中　差		
			优　良　中　差		
			优　良　中　差		
			优　良　中　差		
			优　良　中　差		

四、学徒关键职业能力及职业品质、工匠精神评价（20分）

项目	A	B	C	D
工作态度				
吃苦耐劳				
团队协作				
沟通交流				
学习钻研				
认真负责				
诚实守信				

学徒任务3

耳道的护理

【专业知识准备】

犬的耳道呈“L”形，容易积聚蜡质、尘垢或水分，耳内需定期清洁并保持干燥，耳内的尘垢和水分如不经常清除，容易引起耳朵发炎，而且耳毛如果不定期拔除也容易滋生细菌形成耳螨（图 4-33）。

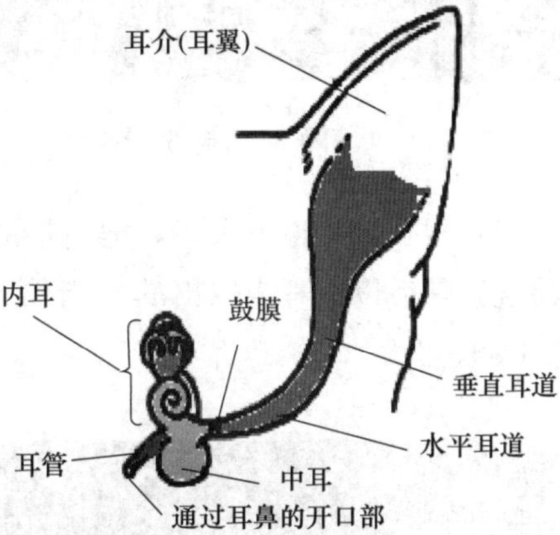

图 4-33　耳道结构

尤其是大耳犬，下垂的耳朵常把耳道盖住，耳道附近的长毛也会将耳道遮盖，耳道由于空气流通不畅，易积耳垢、潮湿而使耳道感染发炎。所以定期给狗狗进行耳道的清洁是很重要的，作为宠物美容师，给狗狗进行基础护理时，这更是必不可少的一步。

1. 工具及使用（图 4-34）

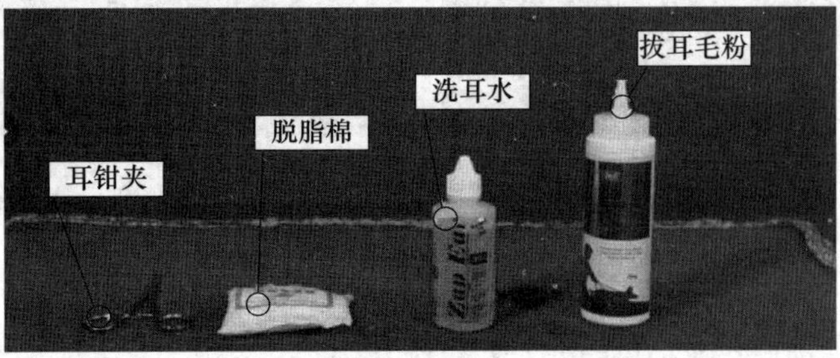

图 4-34　耳道清理工具

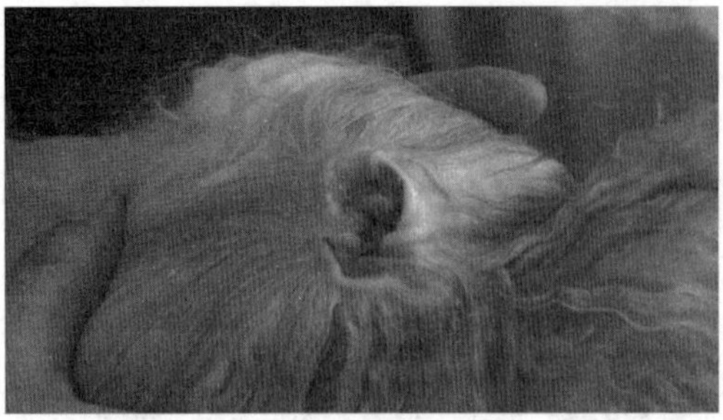

图 4-35　固定头部

2. 操作步骤

（1）保持犬不动，用左手夹住犬的头部，用左手大拇指和食指按压耳朵周围，使耳道充分暴露（图 4-35）。

（2）将少量耳粉撒入耳中，按摩几下，然后沿着耳毛的生长方向拔除（图 4-36）。能够到的毛用右手拔除，深处的毛用止血钳等工具小心拔除（图 4-37）。

图 4-36 耳毛粉

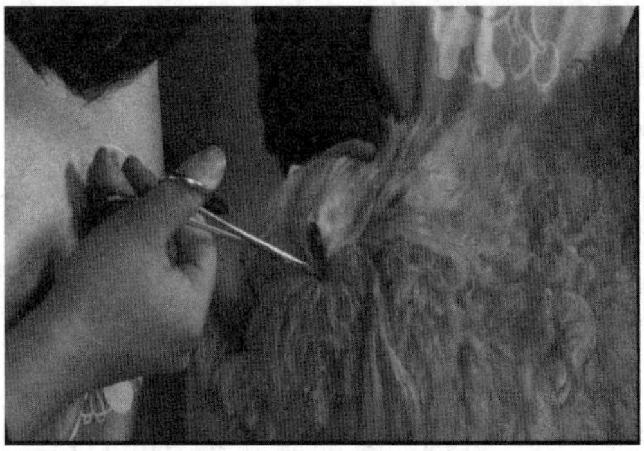

图 4-37　拔耳毛

（3）根据犬耳道的大小，把适量的脱脂棉绕在止血钳上，滴上洗耳水，在耳内打转清洗，最后以从耳内取出的脱脂棉无污物时确认清洁完成。无耳毛的犬可直接洗耳（图 4-38、图 4-39）。

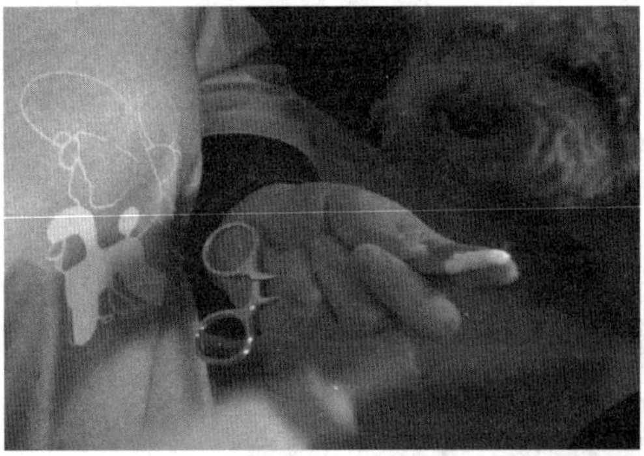

图 4-38　缠棉花

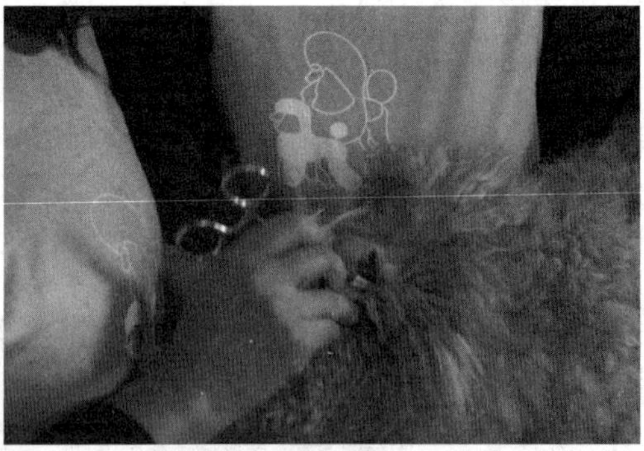

图 4-39　清洗耳道

3. 注意事项

（1）拔除耳毛前必须使用耳粉，耳粉具有消炎、麻醉的功效。一次不要拔太多，而且动作要轻柔。

（2）不要将洗耳水直接滴入耳朵内，洗耳水的量应控制在使棉花潮湿不滴落为宜。

（3）止血钳插入耳道时动作要轻，不要一下子插得过深，深度为成年人食指的第一个关节长。

（4）对已感染的耳朵应及时请兽医治疗。

【典型案例】

健康的犬耳，耳内应该是干净清洁，并呈现浅粉红色的。靠近耳朵闻闻，感到阵阵的暖气不掺杂任何臭味就是健康的。耳部感染会引起犬的不适，如果犬经常摇头在地上蹭耳朵并散发出难闻的气味，很有可能是耳朵已经感染了。要引起注意并及时检查。犬常见的耳部疾病有 4 种：

1. 外耳炎

外耳道的感染可以是局部的（疖肿）或整个外耳道（弥漫性外耳道炎），较常见于夏季。引起外耳炎的原因很多，其中包括细菌感染和特应性湿疹等皮肤疾病。如果耳道内壁的皮肤敏感，异物刺激搔抓，寄生虫叮咬刺激耳道内壁或长期耳垢阻塞、潮湿，发生感染的机会也会加大（图 4-40）。

2. 内耳炎

内耳炎是鼓室的一种炎症，严重时引起耳聋或平衡失调。大多数中耳炎和内耳炎都因严重的外耳炎所致。最常见的病原菌为葡萄球菌、链球菌、假单胞菌及变形杆菌等。细菌通过外耳道、咽鼓管蔓延至鼓膜和内耳或通过血原性感染中耳和内耳（图 4-41）。

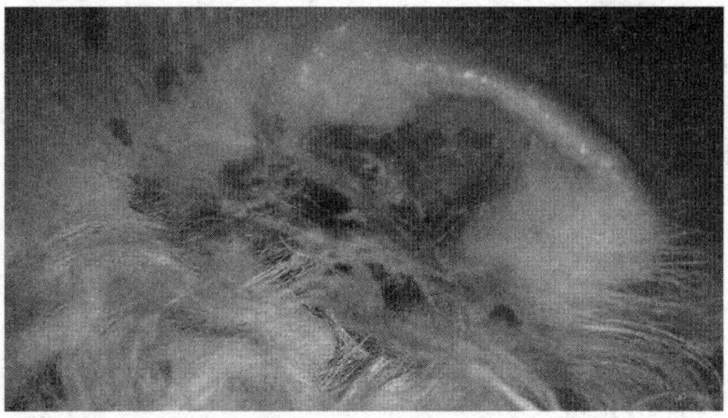

图 4-40　外耳炎

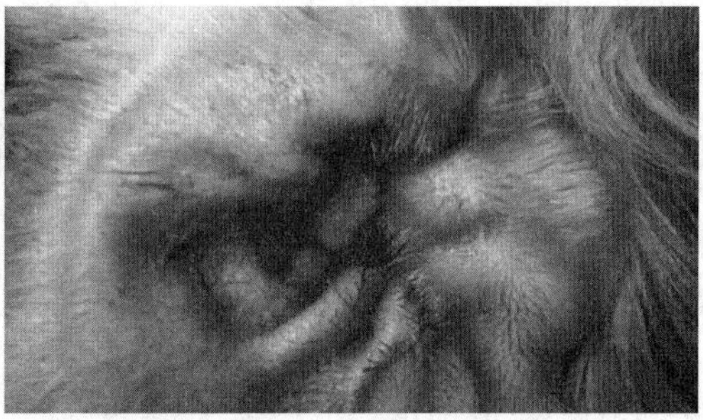

图 4-41　内耳炎

严重的时候会出现化脓性内耳炎，恶臭并伴有脓性分泌物流出，通常治疗需要先用过氧化氢浸泡，生理盐水冲洗，然后再消炎，上耳药。

3. 耳部真菌

犬、猫耳部真菌感染常常是由于潮湿，不注意清洁，四肢患爪抓挠所致，一般会出现耳道增厚、发红、皮屑等症状。通常治疗可以用稀释后的高锰酸钾或者碳酸氢钠清洗，同时每天外用抗真菌喷剂或者药膏（图 4-42）。

4. 耳螨病

耳螨是一种寄生在皮肤表面和外耳道的细小寄生虫，它们吸食淋巴液及皮肤细胞，依靠组织残渣及组织滋养为生。耳螨的一生都在宿主身上度过，它们把卵产在耳道和附近的毛皮上。如不及时治疗，耳螨可导致耳朵发炎和潜在失聪，耳螨很容易在动物之间互相传播，甚至足不出户的犬、猫也可能受到感染，因为人类也可能是临时带菌者（图 4-43）。

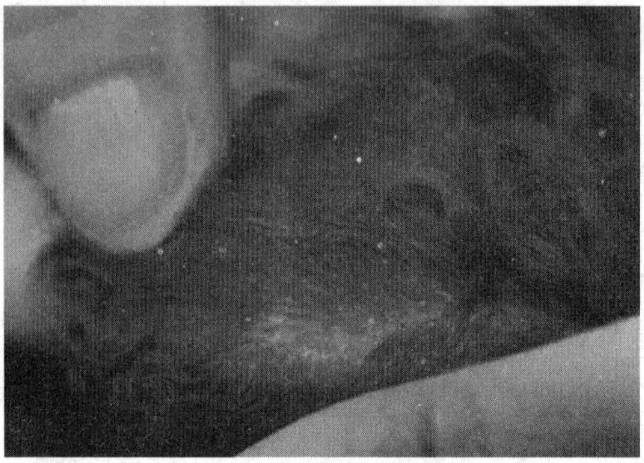

图 4-42　耳部真菌

图 4-43　耳螨病

感染耳螨的临床症状：宠物经常搔耳和摇头。耳朵汇聚由外耳道皮脂腺分泌的蜡样物质（像磨碎的咖啡豆）。由耳螨唾液引起的刺激使外耳道红肿和发炎。经常抓痒和持续摇头会导致耳血肿和脸部变形。

【工作任务】

【任务目标与质量要求】

◇ 在师傅指导下，练习犬的耳道清理。

【学习产出目标】

◇ 在师傅指导下，在日常工作中完成操作练习。

【考核评价】

【工作任务实施记录与评价】

一、公共考核项目（30分）

指标与分值	考核内容与分值	评分标准	得分
劳动纪律	1. 出满勤，做到不迟到、不早退	以考勤簿为准，无故迟到或早退，一次扣0.5分，无故旷工一天扣1.5分	
	2. 上班坚守工作岗位，不串岗、不脱岗、不做私活、不玩手机游戏等	上班时擅自离岗、串岗、做私活等发现一次扣0.5分，被投诉一次扣1.5分	
	3. 上班时衣帽整洁，不穿拖鞋，佩证上岗	发现一次做不到扣0.5分	
	4. 遵守实习单位的卫生法律法规及相关管理制度	违反一次扣1分	

二、工作岗位考核项目（30分）

岗位职责	1. 完成本职工作	服从实习单位安排的工作内容，按照工作流程完成本职工作的为60分	
	2. 认真执行岗位技术规范	发现不规范每一次扣1分	
	3. 无差错事故及纠纷发生	差错未造成损害一次扣5分，造成损害赔偿扣100分	
	4. 与客户交流和沟通，自觉接受监督，构建和谐关系	沟通不到位扣2分，发生纠纷扣30分	

三、岗位学习考核项目（20分）

	日期	师傅指导记录	工作任务完成质量评价	评价成绩	
岗位学习			优 良 中 差		
			优 良 中 差		
			优 良 中 差		
			优 良 中 差		
			优 良 中 差		
			优 良 中 差		

四、学徒关键职业能力及职业品质、工匠精神评价（20分）

项目	A	B	C	D
工作态度				
吃苦耐劳				
团队协作				
沟通交流				
学习钻研				
认真负责				
诚实守信				

学徒任务4
趾甲的修剪

【专业知识准备】

修剪趾甲的目的

1. 防止趾爪变形

犬的趾甲过长，有时会弯曲倒生插进脚垫内，造成犬走路时产生痛楚和不舒适感，影响犬正常行走、奔跑。

2. 会误伤人

犬的趾甲太尖利，在和主人亲热、玩耍时可能会伤害到家里的小孩，也会抓坏丝袜、裙脚、裤脚、手袋等。在对其进行美容或护理等操作时也会误伤工作人员。

3. 破坏家具

在地上啃咬、追逐、游戏时易划伤地毯、家具等。

4. 工具及使用

趾甲剪、止血粉、趾甲锉（图 4-44 至图 4-46）。

图 4-44　趾甲剪

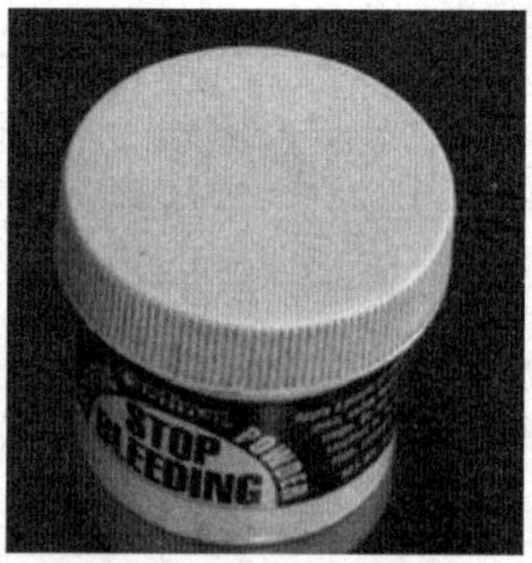

图 4-45　止血粉

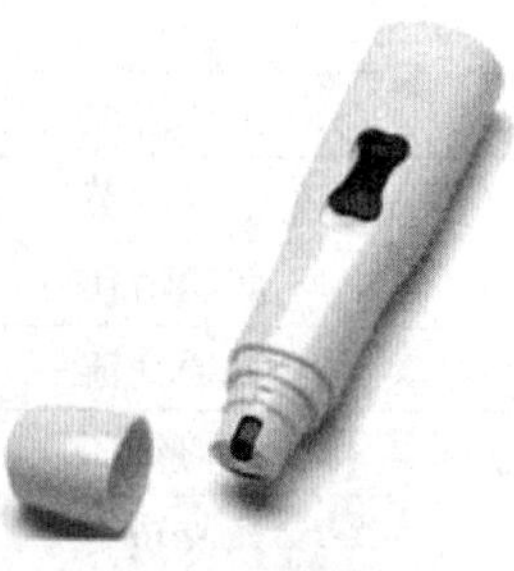

图 4-46　趾甲锉

5. 操作步骤

犬的趾甲分为白色趾甲和黑色趾甲两种。

白色趾甲的修剪一般分为三到五剪，第一剪从血线上面一处剪掉（血线就是白色趾甲的犬放在明亮处看到的一条红色的线），三到五剪是将犬的趾甲修圆（图 4-47）。

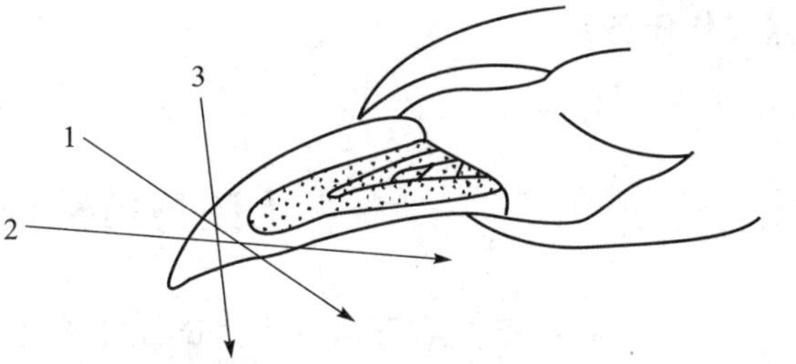

1.第一剪　2.第二剪　3.第三剪

图 4-47　趾甲修剪示意图

黑色犬的趾甲，看不到血线，要一点一点往下剪，直到看到鲜肉，说明快到血线了。一般以剪至血线下 3 mm 左右为宜。

若不小心将趾甲剪出血，应用食指将趾甲断层面按住，然后撒上止血粉轻压。

6. 注意事项

（1）手指粘少量止血粉撒在出血口上不断按压至止血即可。

（2）趾甲修剪时不能剪得太多，一般只剪除爪的 1/3 左右，并应修平整，防止造成损伤。

（3）使用时止血粉不要整盒放在桌子上，而是放一点于瓶盖上，发现出血立即用手蘸取一点，按压 10 秒左右止血。

（4）如果脚底毛过长会使犬在奔跑时容易脚底打滑，所以修剪趾甲的同时最好修剪一下脚底毛。

【典型案例】

7. 犬趾甲过长的影响

（1）趾甲太长，会使犬感觉不适，容易在家里找家具，沙发，地毯等来磨趾甲，拆家概率提高。

（2）趾甲太长会自然弯曲，犬脚部着地就不方便，而且时间久了容易断裂，导致局部受伤感染。

（3）趾甲太长在玩耍互动的过程中容易伤到主人，也容易伤到犬自己（图 4-48）。

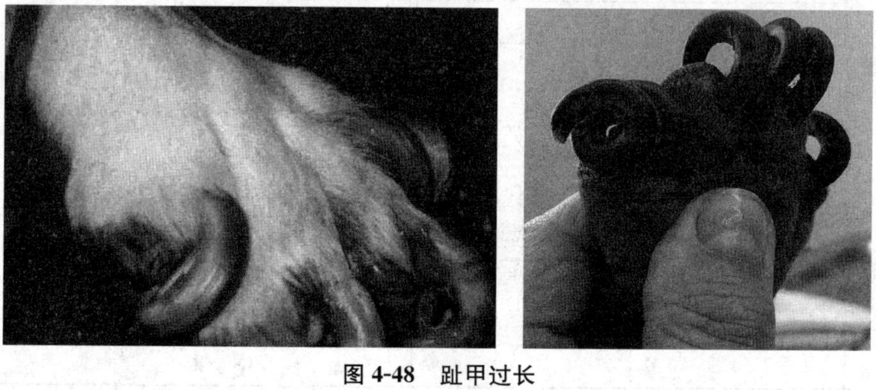

图 4-48　趾甲过长

【工作任务】

【任务目标与质量要求】

◇ 在师傅指导下，练习犬的趾甲修剪。

【学习产出目标】

◇ 在师傅指导下，在日常工作中完成操作练习。

【考核评价】

【工作任务实施记录与评价】

<table>
<tr><td colspan="4">一、公共考核项目（30 分）</td></tr>
<tr><td>指标与分值</td><td>考核内容与分值</td><td>评分标准</td><td>得分</td></tr>
<tr><td rowspan="4">劳动纪律</td><td>1. 出满勤，做到不迟到、不早退</td><td>以考勤簿为准，无故迟到或早退，一次扣 0.5 分，无故旷工一天扣 1.5 分</td><td></td></tr>
<tr><td>2. 上班坚守工作岗位，不串岗、不脱岗、不做私活、不玩手机游戏等</td><td>上班时擅自离岗、串岗、做私活等发现一次扣 0.5 分，被投诉一次扣 1.5 分</td><td></td></tr>
<tr><td>3. 上班时衣帽整洁，不穿拖鞋，佩证上岗</td><td>发现一次做不到扣 0.5 分</td><td></td></tr>
<tr><td>4. 遵守实习单位的卫生法律法规及相关管理制度</td><td>违反一次扣 1 分</td><td></td></tr>
<tr><td colspan="4">二、工作岗位考核项目（30 分）</td></tr>
<tr><td rowspan="4">岗位职责</td><td>1. 完成本职工作</td><td>服从实习单位安排的工作内容，按照工作流程完成本职工作的为 60 分</td><td></td></tr>
<tr><td>2. 认真执行岗位技术规范</td><td>发现不规范每一次扣 1 分</td><td></td></tr>
<tr><td>3. 无差错事故及纠纷发生</td><td>差错未造成损害一次扣 5 分，造成损害赔偿扣 100 分</td><td></td></tr>
<tr><td>4. 与客户交流和沟通，自觉接受监督，构建和谐关系</td><td>沟通不到位扣 2 分，发生纠纷扣 30 分</td><td></td></tr>
</table>

<table>
<tr><td colspan="5">三、岗位学习考核项目（20 分）</td></tr>
<tr><td rowspan="3">岗位学习</td><td>日期</td><td>师傅指导记录</td><td>工作任务完成质量评价</td><td>评价成绩</td></tr>
<tr><td></td><td></td><td>优　良　中　差</td><td></td></tr>
<tr><td></td><td></td><td>优　良　中　差</td><td></td></tr>
</table>

续表

三、岗位学习考核项目（20 分）					
岗位学习			优　良　中　差		
			优　良　中　差		
			优　良　中　差		
			优　良　中　差		

四、学徒关键职业能力及职业品质、工匠精神评价（20 分）				
项目	A	B	C	D
工作态度				
吃苦耐劳				
团队协作				
沟通交流				
学习钻研				
认真负责				
诚实守信				

学徒任务5 清理肛门腺

【专业知识准备】

犬的肛门囊有两个，分别位于肛门下方两侧（4 点和 8 点的位置）的肛门内、外括约肌之间，是连接肠道末端皮肤的内翻，呈球形。仔细观察会看到两条细管开口于肛门黏膜与皮肤的交界处（图 4-49）。

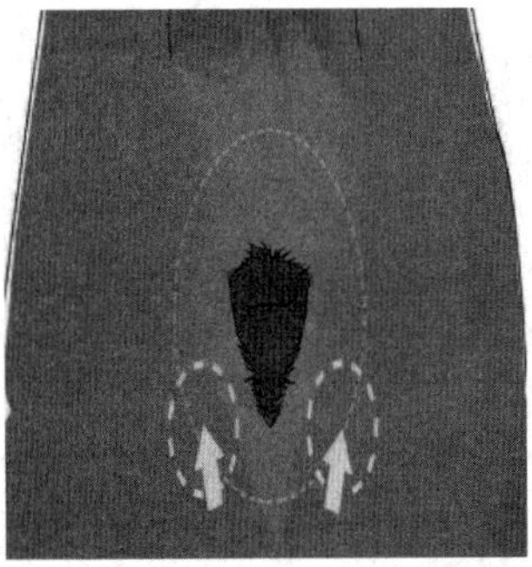

图 4-49　犬肛门

肛门囊内有干或稀，灰色或棕色分泌物，恶臭，这种分泌物有助于犬做记号，划定自己的活动范围或吸引异性。

犬在排粪时肛门括约肌收缩，囊内分泌物被挤出，起到润滑肛门的作用。

如果长时间不挤肛门腺会导致腺口阻塞，肛门腺的分泌物淤积造成肿胀，引起不适或者腺体内发炎、化脓，引起疼痛或瘙痒。遇到这种情况，犬会舔肛门或在地上蹭。严重时由于疼痛犬会疾跑、追逐尾巴、不停地舔或咬尾根部，最后产生脓肿。这时的犬表现为无精打采，拒绝进食或便秘。

◇ 操作步骤

首先将尾巴向上翻起，使肛门突出，右手拿卫生纸直接贴在肛门处，将手指放在肛门两侧的 4 点、8 点处向内挤压后向上方推，就像挤牙膏一样，会感觉有液体排出，如此反复挤压数次，排空肛门腺液。

◇ 注意事项

1. 一定要注意由内而外、由轻到重。动作尽量轻柔，力度过大，可能会引起发炎或腺囊的破裂。

2. 记住，挤的时候最好拿面巾纸或棉花盖在肛门上，以免臭水溅到身上。

3. 肛门腺很臭挤完之后需要用水冲洗，所以一般在洗澡的时候挤肛门腺。

【工作任务】

【任务目标与质量要求】

◇ 在师傅指导下，练习清理肛门腺。

【学习产出目标】

◇ 在师傅指导下，在日常工作中完成操作练习。

【考核评价】

【工作任务实施记录与评价】

一、公共考核项目（30 分）			
指标与分值	考核内容与分值	评分标准	得分
劳动纪律	1. 出满勤，做到不迟到、不早退	以考勤簿为准，无故迟到或早退，一次扣 0.5 分，无故旷工一天扣 1.5 分	
	2. 上班坚守工作岗位，不串岗、不脱岗、不做私活、不玩手机游戏等	上班时擅自离岗、串岗、做私活等发现一次扣 0.5 分，被投诉一次扣 1.5 分	
	3. 上班时衣帽整洁，不穿拖鞋，佩证上岗	发现一次做不到扣 0.5 分	
	4. 遵守实习单位的卫生法律法规及相关管理制度	违反一次扣 1 分	
二、工作岗位考核项目（30 分）			
岗位职责	1. 完成本职工作	服从实习单位安排的工作内容，按照工作流程完成本职工作的为 60 分	
	2. 认真执行岗位技术规范	发现不规范每一次扣 1 分	
	3. 无差错事故及纠纷发生	差错未造成损害一次扣 5 分，造成损害赔偿扣 100 分	
	4. 与客户交流和沟通，自觉接受监督，构建和谐关系	沟通不到位扣 2 分，发生纠纷扣 30 分	

续表

三、岗位学习考核项目（20分）					
	日期	师傅指导记录	工作任务完成质量评价	评价成绩	
岗位学习			优　良　中　差		
			优　良　中　差		
			优　良　中　差		
			优　良　中　差		
			优　良　中　差		
			优　良　中　差		

四、学徒关键职业能力及职业品质、工匠精神评价（20分）				
项目	A	B	C	D
工作态度				
吃苦耐劳				
团队协作				
沟通交流				
学习钻研				
认真负责				
诚实守信				

学徒任务6

腹底毛与脚底毛的修剪

【专业知识准备】

一、腹底毛的修剪

腹部的毛（又称腹底毛）在犬伏卧、排尿或哺乳时很容易弄脏，经常打结，既容易引起皮肤病，又影响美观，所以要定期清理。

腹底毛的修剪应根据犬的性别不同而有所差异。

母犬：以脐为基准，向上剃到在第二和第三乳头之间，剃一个倒“U”形（图4-50）。

公犬：从生殖器开始向上剃到在第二和第三乳头之间，剃一个倒“V”形（图4-51）。

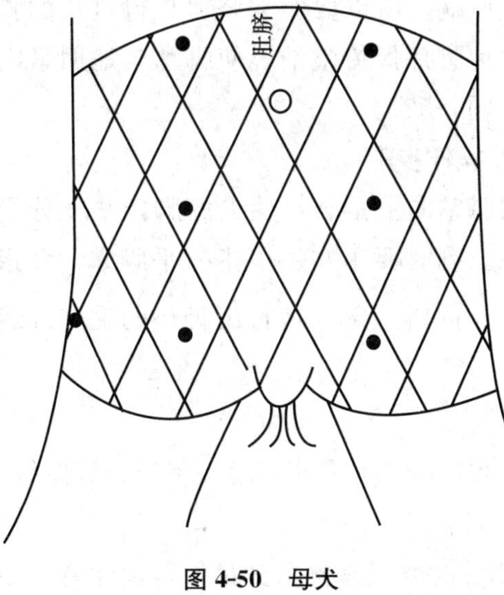

图4-50　母犬

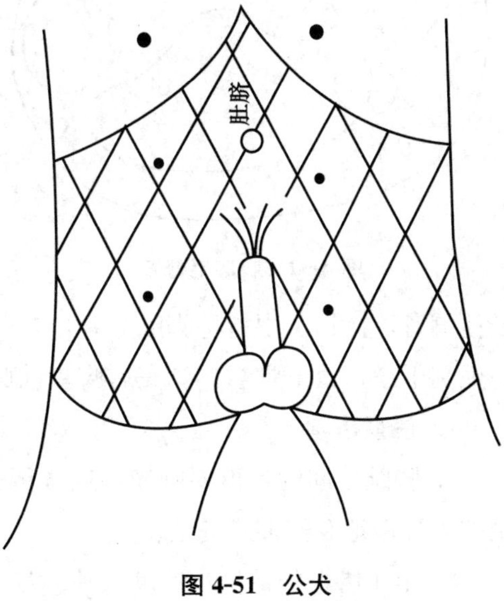

图4-51　公犬

◇ 操作步骤

母犬：首先左手握住犬的两前肢，向上抬，使犬站立。将犬腹底毛梳顺、梳开，然后用电剪向上剃到第二和第三乳头之间，向下沿大腿根剃到膝关节，呈倒“U”形，标准是要求干净无杂乱毛发。注意两侧的松皮一定不能剃。

公犬：先将犬的一只后腿抬高到身体高度，操作人员低头，与犬的腹部平行，然后开始剃犬生殖器两侧的毛；再将犬的两前肢往上提，让犬后肢站立，用电剪从犬的后腿根部向上剃至倒数第二对和第三对乳头之间，形成倒“V”形。公犬剃阴茎附近时可以倒剃，但排尿的地方不能剃得太干净，前端要留一小撮毛不能剃，留 2～3 cm 起到导尿的作用，否则排尿时容易尿到前肢上。

◇ 注意事项

1. 由于犬腹部皮肤薄嫩，两侧皮肤褶有皱，因此要用电剪小心谨慎向上向外剃，千万不要剃伤皮肤。

2. 如果让犬躺下来剃，要注意不要把其身体侧面剃得太多。

3. 剃腹底毛时犬的阴茎或乳头周围一定要特别注意，不能剃伤。公犬阴茎上的毛不可留得过多或剃光，会引起它自身的不适应进而用嘴舔，造成伤害。

二、脚底毛的修剪

犬的脚掌上也会长毛，如果一直不修剪的话，可能会长到盖过脚面。室内饲养的小型犬，脚掌上毛过长，走在地板上会容易滑倒，上下楼梯时也容易受伤。另外，过长的毛还会吸附灰尘，沾附垃圾，看起来邋遢不整洁。如果在潮湿积水的地方走过去会沾上许多水，给细菌制造繁殖的条件，从而引起皮肤病。所以要经常修剪长得过长的脚底毛，使脚部保持整洁，使脚掌与地面紧密贴合（图 4-52）。

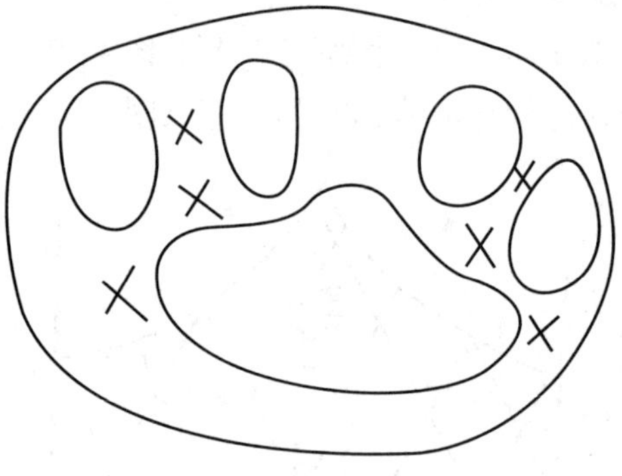

图 4-52　脚底毛修剪

◇ 操作步骤

将脚掌向上翻转，使犬的脚肉垫充分暴露出来。剃时要用左手手指摊平脚掌，食指抵住脚背，拇指、中指将脚趾分开，剃刀从趾部剃向脚垫部，将长出脚垫的毛和趾缝的毛剃干净，放下脚掌。剃完后脚剃前脚。

◇ 注意事项

1. 脚趾中间的毛也要剃光，这样更有美感，可以拇指和食指一上一下压开脚趾缝，用剃刀慢慢地剃掉多余的毛。

2. 由于脚下的毛生长速度很快，所以每次修剪时要尽量修剪到最短，但注意不要剪到皮肤，另外修剪前要先把脚固定住。

3. 散步回来后要立即检查是否有石子或垃圾夹进脚底肉垫内。

【工作任务】

【任务目标与质量要求】

◇ 在师傅指导下，练习腹底毛的修剪。

【学习产出目标】

◇ 在师傅指导下，在日常工作中完成操作练习。

【考核评价】

【工作任务实施记录与评价】

指标与分值	考核内容与分值	评分标准	得分
一、公共考核项目（30分）			
劳动纪律	1. 出满勤，做到不迟到、不早退	以考勤簿为准，无故迟到或早退，一次扣0.5分，无故旷工一天扣1.5分	
	2. 上班坚守工作岗位，不串岗、不脱岗、不做私活、不玩手机游戏等	上班时擅自离岗、串岗、做私活等发现一次扣0.5分，被投诉一次扣1.5分	
	3. 上班时衣帽整洁，不穿拖鞋，佩证上岗	发现一次做不到扣0.5分	
	4. 遵守实习单位的卫生法律法规及相关管理制度	违反一次扣1分	
二、工作岗位考核项目（30分）			
岗位职责	1. 完成本职工作	服从实习单位安排的工作内容，按照工作流程完成本职工作的为60分	
	2. 认真执行岗位技术规范	发现不规范每一次扣1分	
	3. 无差错事故及纠纷发生	差错未造成损害一次扣5分，造成损害赔偿扣100分	
	4. 与客户交流和沟通，自觉接受监督，构建和谐关系	沟通不到位扣2分，发生纠纷扣30分	

续表

三、岗位学习考核项目（20分）					
岗位学习	日期	师傅指导记录	工作任务完成质量评价	评价成绩	
			优　良　中　差		
			优　良　中　差		
			优　良　中　差		
			优　良　中　差		
			优　良　中　差		
			优　良　中　差		

四、学徒关键职业能力及职业品质、工匠精神评价（20分）				
项目	A	B	C	D
工作态度				
吃苦耐劳				
团队协作				
沟通交流				
学习钻研				
认真负责				
诚实守信				

学徒任务7
洗澡、吹干、拉毛

【专业知识准备】

洗澡前一定要确认宠物是否一切正常，如觉得有异常状态，哪怕是非常细微，也要立刻与其主人沟通加以确认，否则可能会引起不必要的麻烦。

检查项目：

1. 检查有无呕吐、腹泻、流口水等情况。
2. 检查皮肤有无外伤、湿疹、发红等情况。
3. 检查耳道内是否有发炎、肿胀等情况。
4. 检查眼睛的颜色及眼周围情况，有无眼屎或受伤。
5. 触摸全身，有无疼痛或发怒的情况。
6. 仔细听有无咳嗽声。

◇ 工具

犬的皮肤是弱碱性的（pH 约为 7.5），而人的皮肤是弱酸性的，为人设计的浴液或洗发水一般偏碱性，可以进行中和。而犬的弱碱性皮肤遇到同样是碱性的洗发水，无法进行中和，反而会洗去保护皮肤表面的油脂，造成皮肤干燥，产生瘙痒、过敏、皮屑等一系列问题，降低皮肤的免疫力，引发皮肤病。

◇ 操作步骤

1. 准备工作

洗澡之前要做好各项准备工作，首先要将沐浴露准备好，因犬只毛色、需求、喜好不同沐浴露也应有所差异，对皮毛进行护理应使用护毛素。同时将擦干用的吸水毛巾和吹风用的毛巾准备好，将吹水机和吹风机准备好，如果需要用烘干箱需要提前预热，还要准备好要用的梳子（图 4-53 至图 4-55）。

图 4-53　沐浴露

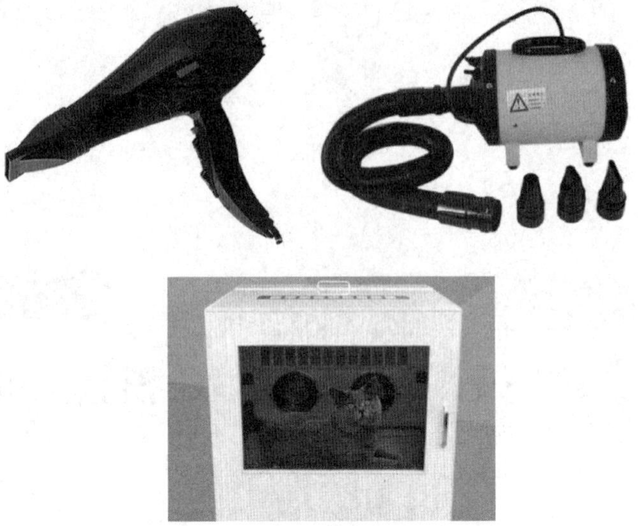

图 4-54　吹风机、吹水机、烘干箱

2. 用棉球塞耳洞

将宠物耳洞用棉球塞住，防止洗澡时耳道内进水（图 4-56）。

图 4-55　吸水毛巾

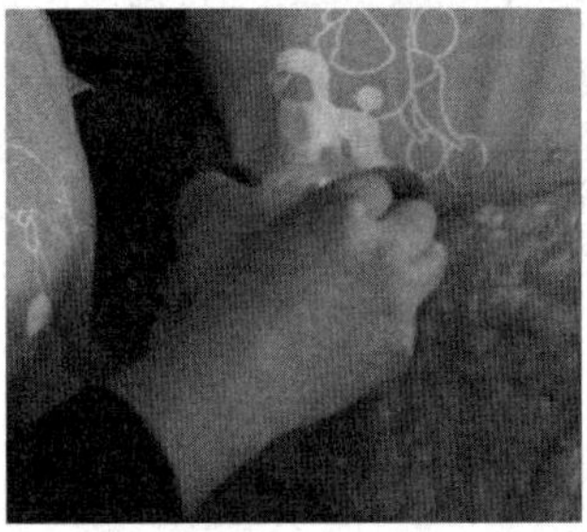

图 4-56　棉球塞耳洞

3. 试水温

可用手腕内侧试水温。夏季水温一般控制在 32～36 ℃，冬季水温一般控制在 35～42 ℃（图 4-57）。

4. 挤肛门腺

用水先将犬只肛门处打湿，将积聚在肛门腺内的分泌物挤出并用水冲洗干净。

5. 清洗

淋湿（打湿）被毛　一手拿淋浴头，一手固定犬，将犬全身淋湿。淋湿的顺序是：先淋背部、臀部，再淋四肢及胸、腹部，最后是头部，将头部放在最后是因为犬可能会害怕且头部淋湿后会甩水（图 4-58）。

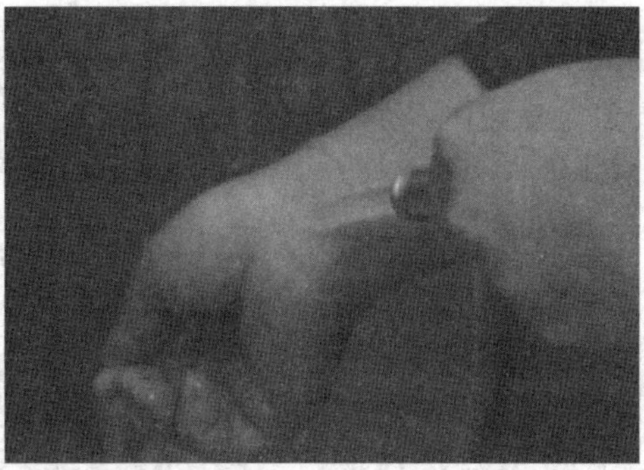

图 4-57　试水温

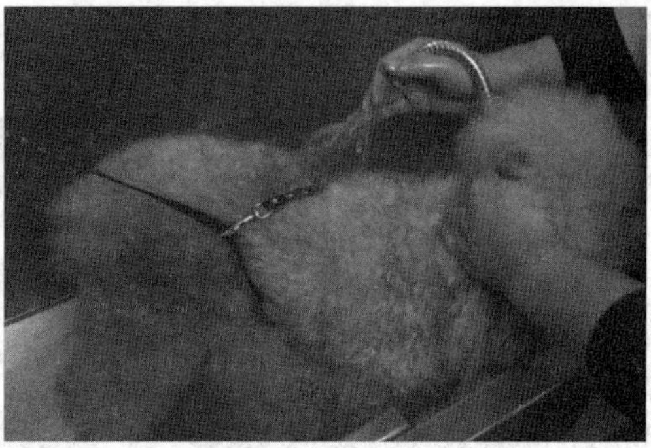

图 4-58　淋湿被毛

涂抹沐浴液　从背部开始涂稀释后的沐浴液，可以先背部、身体，然后腿和爪子，最后头部；用手指肚按摩搓揉泡沫。第一遍清洗要选择去污力强的洗毛水，短毛犬可以搓揉，但不要用指甲挠犬的皮肤，以免产生皮屑；长毛犬要顺着毛发的生长方向顺毛洗。毛发比较厚的犬只一定要冲透、洗透。第二遍清洗要选择好的洗毛水。如果是被毛较厚的犬种，如哈士奇、松狮则要反复冲洗多遍（图 4-59）。

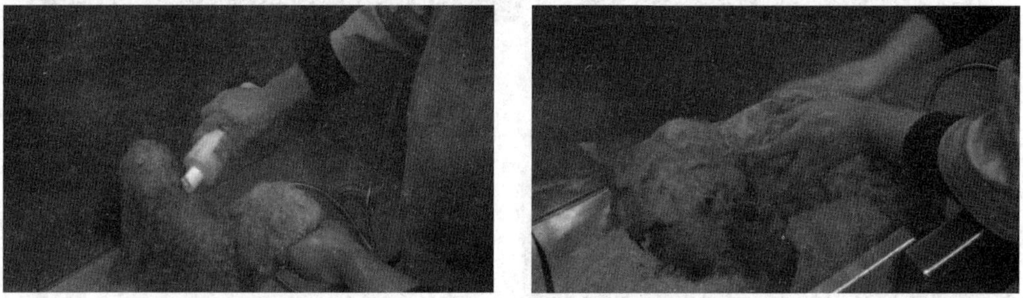

图 4-59　涂抹沐浴液

冲洗　冲洗的方法与前面被毛打湿的方法基本相同。一定要彻底冲洗，不要将浴液留在犬身上。一定要将犬毛根处皮肤上的残留物冲干净，尽可能不要让残留浴液对皮毛造成损伤。第二遍冲洗干净后使用护毛素，护毛素至少要在犬身上停留 3min，同时轻轻地辅助按摩，效果会更好（图 4-60）。

擦干　最后用吸水毛巾将犬的头部及身体包裹住，把水吸干。将犬抱出浴缸放到美容台上，再用吸水毛巾反复擦拭犬的身体，直到将体表的水分完全擦干（图 4-61）。

吹干　先将犬身上的水用吹水机贴着皮肤吹干净。待到八成干时，开始用吹风机吹干，需要做美容的犬用针梳拉毛，不做美容的犬最好也拉毛（图 4-62、图 4-63）。

拉毛　把毛吹成一朵花状，手拿针梳由中心向外梳，推荐逆毛梳，尽量做到手腕动手臂不动，频率快就轻梳，频率慢就重梳，但切记不可以梳到皮肤（图 4-64）。

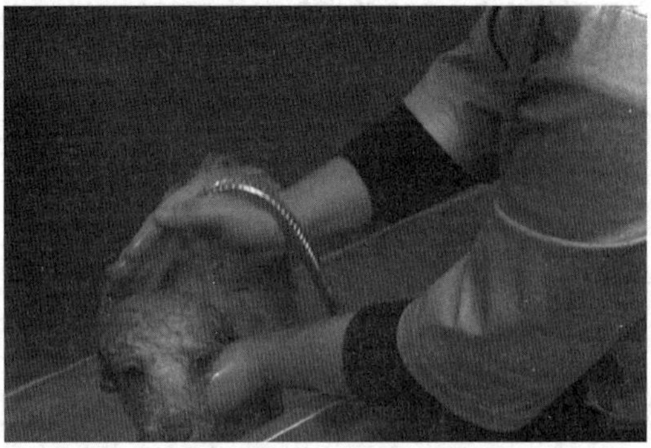

图 4-60　冲洗

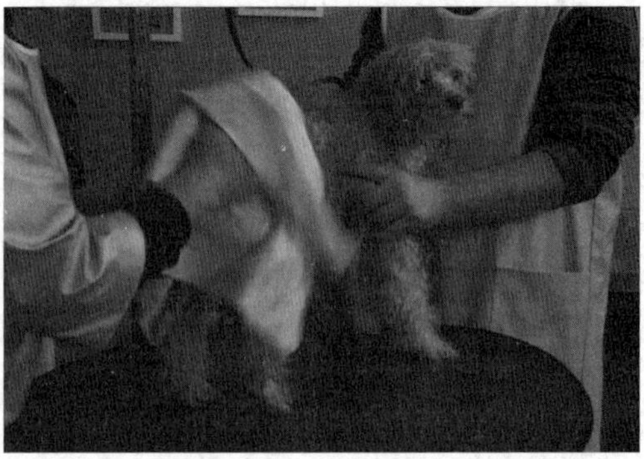

图 4-61　擦干

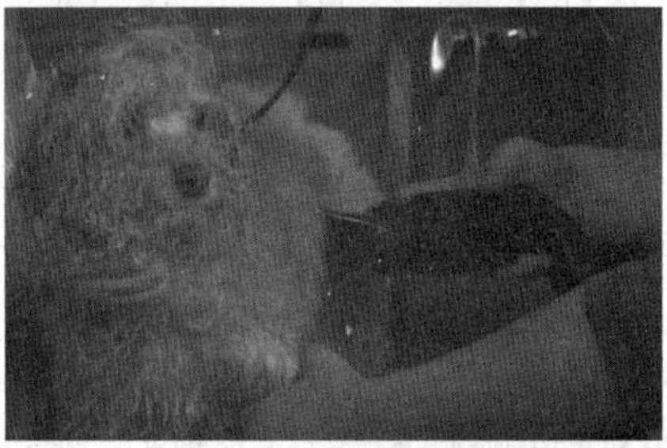

图 4-62　吹水机

图 4-63　吹风机

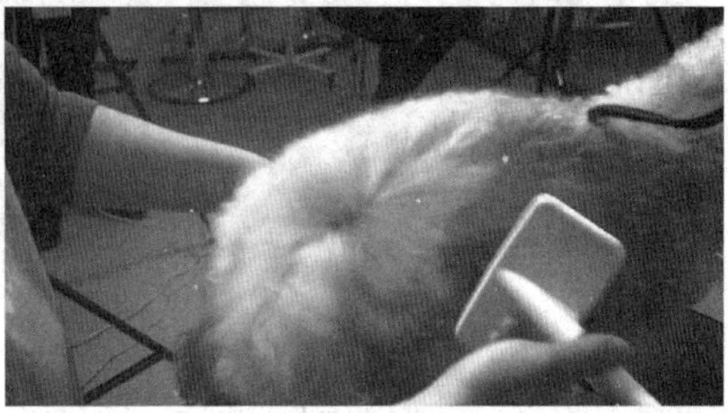

图 4-64　拉毛

◇ 注意事项

（1）对于大多数犬，一次涂抹揉洗和冲洗即可，但如果犬过脏，则需要反复地涂抹浴液和冲洗。

（2）为了防止水进入耳道，最好把耳朵用棉球塞上或将耳朵平贴在脸上。

（3）冲水要彻底，不要使浴液滞留在犬身上，以防刺激皮肤引起皮肤发炎。

（4）洗完澡后要彻底吹干，不能让它自然晾干，一冷一热容易引发感冒甚至导致肺炎。

（5）洗澡时间尽量短，越快越好。

（6）吹风机不可以太靠近被毛，应保持在距身体 10～20 cm，并适当调整风速及温度。

（7）吹干时要将毛发及时梳理顺滑，确保毛发从根部吹干。

（8）切忌对某一个部位吹太久。

（9）在吹风的过程中切记要将耳朵内的水擦干，取出耳内的棉球。

【工作任务】

【任务目标与质量要求】

◇ 在师傅指导下，练习皮毛的清洗。

【学习产出目标】

◇ 在师傅指导下，在日常工作中完成操作练习。

【考核评价】

【工作任务实施记录与评价】

一、公共考核项目（30 分）

指标与分值	考核内容与分值	评分标准	得分
劳动纪律	1. 出满勤，做到不迟到、不早退	以考勤簿为准，无故迟到或早退，一次扣 0.5 分，无故旷工一天扣 1.5 分	
	2. 上班坚守工作岗位，不串岗、不脱岗、不做私活、不玩手机游戏等	上班时擅自离岗、串岗、做私活等发现一次扣 0.5 分，被投诉一次扣 1.5 分	
	3. 上班时衣帽整洁，不穿拖鞋，佩证上岗	发现一次做不到扣 0.5 分	
	4. 遵守实习单位的卫生法律法规及相关管理制度	违反一次扣 1 分	

二、工作岗位考核项目（30 分）

指标与分值	考核内容与分值	评分标准	得分
岗位职责	1. 完成本职工作	服从实习单位安排的工作内容，按照工作流程完成本职工作的为 60 分	
	2、认真执行岗位技术规范	发现不规范每一次扣 1 分	
	3. 无差错事故及纠纷发生	差错未造成损害一次扣 5 分，造成损害赔偿扣 100 分	
	4. 与客户交流和沟通，自觉接受监督，构建和谐关系	沟通不到位扣 2 分，发生纠纷扣 30 分	

三、岗位学习考核项目（20 分）

	日期	师傅指导记录	工作任务完成质量评价	评价成绩	
岗位学习			优　良　中　差		
			优　良　中　差		

续表

<table>
<tr><td colspan="6">三、岗位学习考核项目（20 分）</td></tr>
<tr><td rowspan="4">岗位学习</td><td></td><td></td><td>优　良　中　差</td><td></td><td></td></tr>
<tr><td></td><td></td><td>优　良　中　差</td><td></td><td></td></tr>
<tr><td></td><td></td><td>优　良　中　差</td><td></td><td></td></tr>
<tr><td></td><td></td><td>优　良　中　差</td><td></td><td></td></tr>
</table>

四、学徒关键职业能力及职业品质、工匠精神评价（20 分）				
项目	A	B	C	D
工作态度				
吃苦耐劳				
团队协作				
沟通交流				
学习钻研				
认真负责				
诚实守信				

学徒任务8 眼睛的护理

【专业知识准备】

眼睛是心灵之窗。犬与人类沟通主要靠眼睛，健康犬的眼睛应该清澈、明亮，没有眼屎。很多宠物犬会因经常流泪在眼角形成红褐色的泪痕，非常影响美观。如果能够找到宠物犬多泪的原因，并及时预防和处理，就会避免泪痕的出现。

造成宠物犬流泪增多的原因有两个方面：一是泪腺异常，过量的分泌泪液，导致泪水增多；二是鼻泪管异常，泪液排泄不畅，导致泪液从内眼角流出。短鼻犬容易凸眼，易形成鼻泪管压迫，导致两眼靠鼻子的部位经常有两条长长的红褐色泪痕，如西施、八哥、北京犬等，所以需要经常清洗眼睛（图 4-65、图 4-66）。

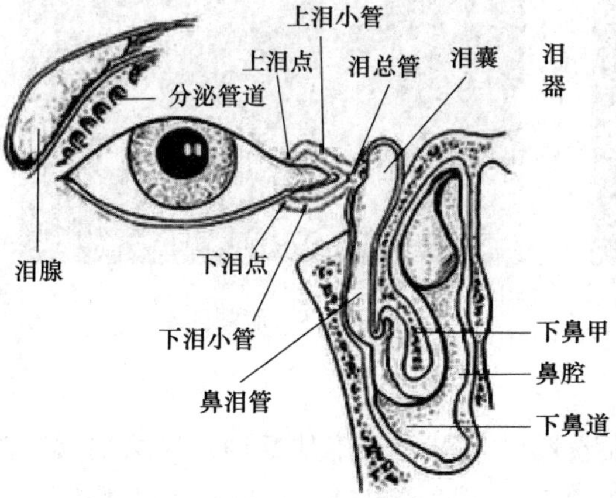

图 4-65　犬泪器

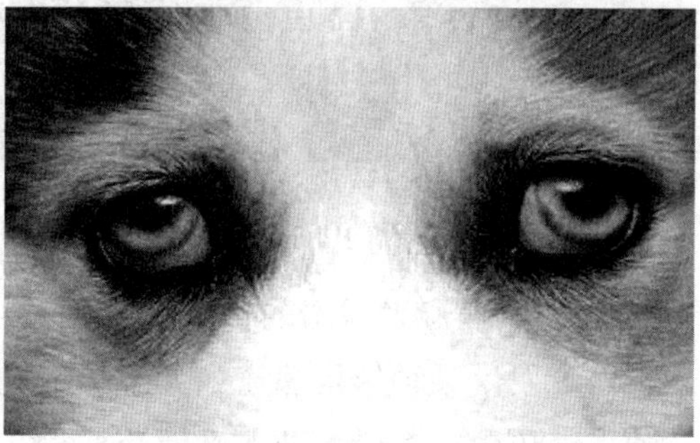

图 4-66　健康的眼睛

◇ 眼睛的检查

检查犬眼睛是否有炎症或眼屎，是否有眼睫毛倒生现象。若有炎症或眼屎，用温开水或 2 %硼酸水蘸湿棉花或纱布后轻轻擦拭；若眼睫毛倒生则应将倒生的睫毛用镊子拔除。

◇ 工具（图 4-67）

棉花　　梳子　　眼药水

图 4-67　工具

◇ 操作方法

轻轻用手将犬头部撑起，稍用力固定住，用棉花蘸温水，从内眼角开始，向外轻轻擦拭，一个棉球用脏后，可再换一个，直到将眼睛周围擦洗干净为止。

擦洗完毕后，再给犬眼内滴入洗眼液清洗眼睛，有时需要滴入眼药水或眼药膏，消除炎症（图 4-68）。

滴眼药水时一只手握住犬的下颌，用食指和拇指打开犬的眼皮，另一只手将眼药水或滴眼液滴在眼睛的后上方，每次滴 1～2 滴（图 4-69）。

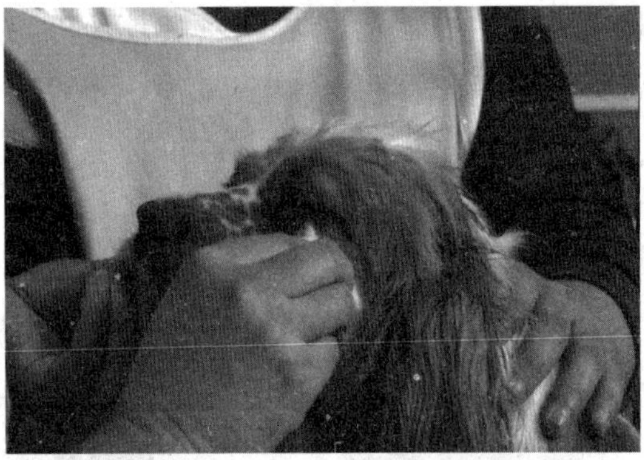

图 4-68　擦洗眼周

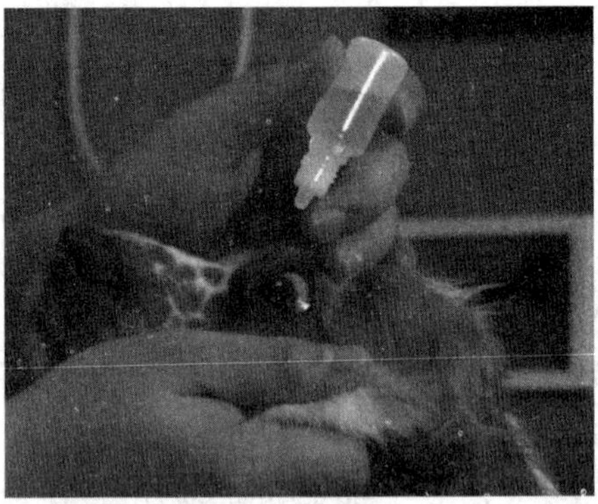

图 4-69　滴眼药水

◇ 传染病患犬眼睛的护理

当犬发生某种传染病（如犬瘟热、副流感等），特别是患有眼病时，常会引起眼睑红肿，眼角内有多量黏液或脓性分泌物，造成上、下眼睑粘连，这时要对眼睛精心治疗和护理。

方法：用 2 %硼酸棉球（也可用凉开水）由内眼角向外轻轻擦拭，不能在眼睛上来回擦拭，一个棉球不够，可再换一个，直到将眼睛擦洗干净为止。擦洗完毕后，再给犬眼内滴入眼药水或眼药膏，以消除炎症。

◇ **注意事项**

（1）眼内有异物切忌用手或纸巾将异物擦掉，否则容易将眼角膜划伤。

（2）擦拭眼睛时，由眼内角向外轻轻擦拭，不能在眼睛上来回擦拭，一个棉球用脏后，可再换一个，直到将眼睛擦洗干净为止。

（3）在滴眼药水时，一只手托住犬的下颌，使其固定，另一只手拿眼药水，在眼睛的后上方点药，切勿碰到眼睛。

（4）眼药水是保健用而非药用，不能经常使用（有皮质类固醇成分，长期使用会导致眼底萎缩，严重时会造成失明）。

（5）幼犬最好不要使用氯霉素眼药水（毒性大，幼犬的解毒功能弱，长期使用氯霉素眼药水可能会引起再生障碍性贫血）。

【工作任务】

【任务目标与质量要求】

◇ 在师傅指导下，练习犬眼睛的护理。

【学习产出目标】

◇ 在师傅指导下，每日完成 1 例，共完成 7 例。

【考核评价】

【工作任务实施记录与评价】

一、公共考核项目（30 分）

指标与分值	考核内容与分值	评分标准	得分
劳动纪律	1. 出满勤，做到不迟到、不早退	以考勤簿为准，无故迟到或早退，一次扣 0.5 分，无故旷工一天扣 1.5 分	
	2. 上班坚守工作岗位，不串岗、不脱岗、不做私活、不玩手机游戏等	上班时擅自离岗、串岗、做私活等发现一次扣 0.5 分，被投诉一次扣 1.5 分	
	3. 上班时衣帽整洁，不穿拖鞋，佩证上岗	发现一次做不到扣 0.5 分	
	4. 遵守实习单位的卫生法律法规及相关管理制度	违反一次扣 1 分	

续表

二、工作岗位考核项目（30 分）			
岗位职责	1. 完成本职工作	服从实习单位安排的工作内容，按照工作流程完成本职工作的为 60 分	
	2. 认真执行岗位技术规范	发现不规范每一次扣 1 分	
	3. 无差错事故及纠纷发生	差错未造成损害一次扣 5 分，造成损害赔偿扣 100 分	
	4. 与客户交流和沟通，自觉接受监督，构建和谐关系	沟通不到位扣 2 分，发生纠纷扣 30 分	

三、岗位学习考核项目（20 分）					
岗位学习	日期	师傅指导记录	工作任务完成质量评价	评价成绩	
			优　良　中　差		
			优　良　中　差		
			优　良　中　差		
			优　良　中　差		
			优　良　中　差		
			优　良　中　差		

四、学徒关键职业能力及职业品质、工匠精神评价（20 分）				
项目	A	B	C	D
工作态度				
吃苦耐劳				
团队协作				
沟通交流				
学习钻研				
认真负责				
诚实守信				

学徒任务9 牙齿的护理

【专业知识准备】

犬同样需要牙齿的护理，现在的犬不需要用牙捕猎，而是由主人喂食，所以 70 % 以上的犬在四岁左右便会患上牙龈病。牙齿如果有牙石附着，会造成牙龈炎。为了让爱犬更健康，我们要学会护理犬的牙齿（图 4-70）。

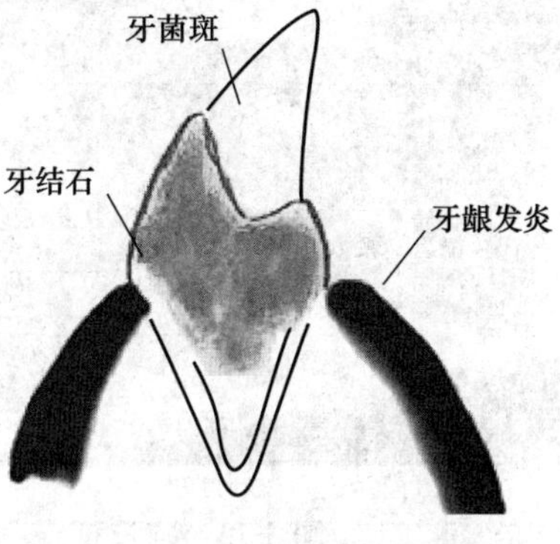

图 4-70　犬牙龈病

牙齿会结石，是因为犬的唾液加上食物的残渣，以及牙菌斑的沉积。这些结石充满细菌，又臭又脏，如果不理会，牙结石就会渐渐变成牙周病、齿膜炎、齿骨膜炎、食道炎、胃炎等，严重的还会导致细菌性心内膜炎。

◇ 牙齿保健

常规刷牙每周 2～3 次。每周检查 1 次牙齿是否有发炎的症状。每年至少接受 1 次兽医的检查。

◇ 工具及使用

犬专用牙膏及牙刷

在刷牙后随着饮水或进食的动作，可以直接让犬吞下肚，完成清洁的工作。而牙膏口味要选择犬比较能接受的味道，让其刷完牙后自然地将牙膏吃掉（图 4-71）。

◇ 操作方法

方法一：用软毛巾或消毒纱垫替犬抹净牙齿，然后用药棉浸以大蒜汁涂擦牙齿及牙龈，若发现齿缝中留有残存的食物，可以用小镊子夹出。

方法二：用犬专用牙刷和牙膏，对牙和牙龈进行清理，但不要来回磨刷牙齿（图4-72）。

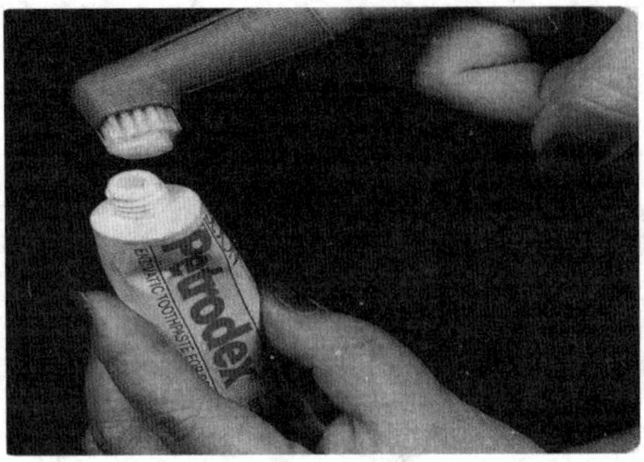

图 4-71 犬牙膏

图 4-72 牙龈清理

方法三：利用犬的咀嚼物清洁牙齿，如犬嚼咬胶，这样可以去除食物渣碎，促进其腭骨及牙的生长，同时还可以清除牙垢（图 4-73）。

方法四：由专业兽医给犬洗牙，以防伤其牙肉和珐琅质（图 4-74）。

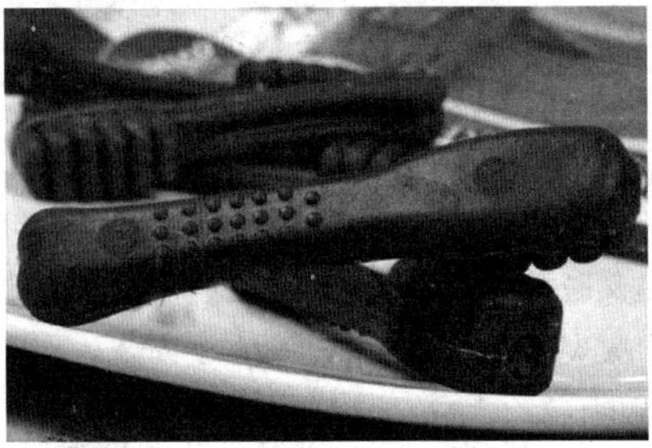

图 4-73 狗咬胶

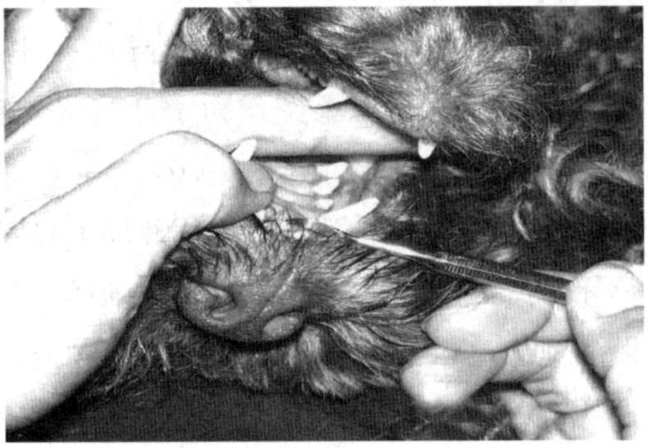

图 4-74 洗牙

【工作任务】

【任务目标与质量要求】

◇ 在师傅指导下，练习犬牙齿的护理。

【学习产出目标】

◇ 在师傅指导下，每日完成 1 例，共完成 7 例。

【考核评价】

【工作任务实施记录与评价】

一、公共考核项目（30 分）

指标与分值	考核内容与分值	评分标准	得分
劳动纪律	1. 出满勤，做到不迟到、不早退	以考勤簿为准，无故迟到或早退，一次扣 0.5 分，无故旷工一天扣 1.5 分	
	2. 上班坚守工作岗位，不串岗、不脱岗、不做私活、不玩手机游戏等	上班时擅自离岗、串岗、做私活等发现一次扣 0.5 分，被投诉一次扣 1.5 分	
	3. 上班时衣帽整洁，不穿拖鞋，佩证上岗	发现一次做不到扣 0.5 分	
	4. 遵守实习单位的卫生法律法规及相关管理制度	违反一次扣 1 分	

二、工作岗位考核项目（30 分）

指标与分值	考核内容与分值	评分标准	得分
岗位职责	1. 完成本职工作	服从实习单位安排的工作内容，按照工作流程完成本职工作的为 60 分	
	2. 认真执行岗位技术规范	发现不规范每一次扣 1 分	
	3. 无差错事故及纠纷发生	差错未造成损害一次扣 5 分，造成损害赔偿扣 100 分	
	4. 与客户交流和沟通，自觉接受监督，构建和谐关系	沟通不到位扣 2 分，发生纠纷扣 30 分。	

三、岗位学习考核项目（20 分）

	日期	师傅指导记录	工作任务完成质量评价	评价成绩	
岗位学习			优　良　中　差		
			优　良　中　差		
			优　良　中　差		
			优　良　中　差		
			优　良　中　差		
			优　良　中　差		

四、学徒关键职业能力及职业品质、工匠精神评价（20 分）

项目	A	B	C	D
工作态度				
吃苦耐劳				
团队协作				
沟通交流				
学习钻研				
认真负责				
诚实守信				

第五部分

常见犬种的美容

The fifth part

The fifth part

The fifth part

The fifth part

学徒任务1
贵宾犬的美容

【专业知识准备】

贵宾犬也称“贵妇犬”，是一种非常聪明、活泼且擅长跳跃的猎犬。贵宾犬是法国的国犬，但关于贵宾犬的起源，法国、德国、意大利一直争论不休，更多的资料表明贵宾犬起源于德国，成名于法国。

贵宾犬按体型大小可分为标准型贵宾犬、迷你型贵宾犬和玩具型贵宾犬（图 5-1）。

标准型　　迷你型(小型)　　玩具型(袖珍型)

图 5-1　贵宾犬的体型

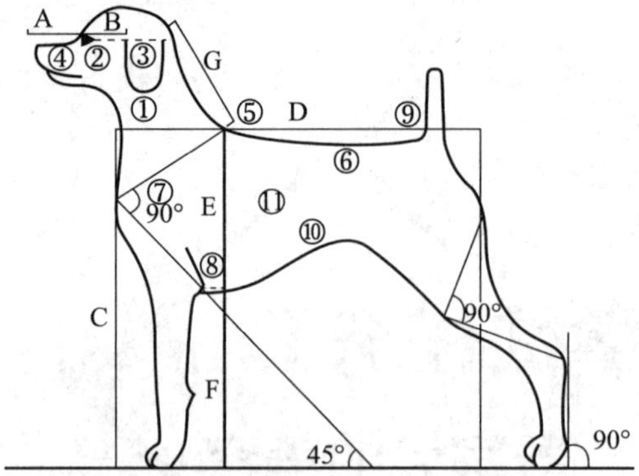

图 5-2　贵宾犬的标准体型

体型

标准型：肩高超过 38 cm。任何一种标准型贵宾犬肩高等于或小于 38 cm 都会在竞赛中被淘汰。

迷你型：肩高等于或小于 38 cm，高于 25 cm。任何一种迷你型的贵宾犬肩高超过 38 cm 或等于小于 25 cm 都会在竞赛中被淘汰。

玩具型：肩高等于或小于 25 cm。任何一种玩具型贵宾犬超过 25 cm 都会在竞赛中被淘汰。

区分玩具型和迷你型的唯一标准就是体形大小（图 5-2）。

A 等于 B：眼睛处在耳根前端与鼻前距离的 1/2 处。

C 等于 D：体高与身长相同（正方形）。

E 等于 F：肘部处在体高的 1/2 处。

G 等于 C/3：颈长是体高的 1/3。

造型

贵宾犬的造型在国际惯例中主要是在年龄上对装束的不同要求，即 12 个月以上的犬只需作传统的欧洲大陆修剪法（Continental Clip）和英国鞍式修剪法（English Saddle Clip），12 个月以下的犬应做芭比修剪法（Puppy Clip）（图 5-3 至图 5-5）。

图 5-3　欧洲大陆式

图 5-4　英国鞍式

图 5-5　芭比式

因为贵宾犬是一种非常容易造型的犬只，所以在修剪方面，造型是多元化的，并不仅仅局限于以上三种造型，下面是它常见造型的修剪。

运动装的修剪

贵宾犬运动装（Pet Clip），又叫犬舍装，或称为绵羊装，也称为拉姆装。贵宾犬运动装并不是赛装，而是属于宠物装，一般宠物美容师考级中，基本都是用作对贵宾犬 C 级和 B 级的考级鉴定。运动装并不是一成不变的，它随着人类审美的发展，变得更加丰满。

贵宾犬运动装是在贵宾犬美容中最受欢迎的装束，贵宾犬体型小巧美丽，给人以活泼可爱的形象，其修剪的方法也很简单，剪去多余的毛发再稍加修饰即可，适合所有体型和颜色的贵宾犬（图 5-6）。

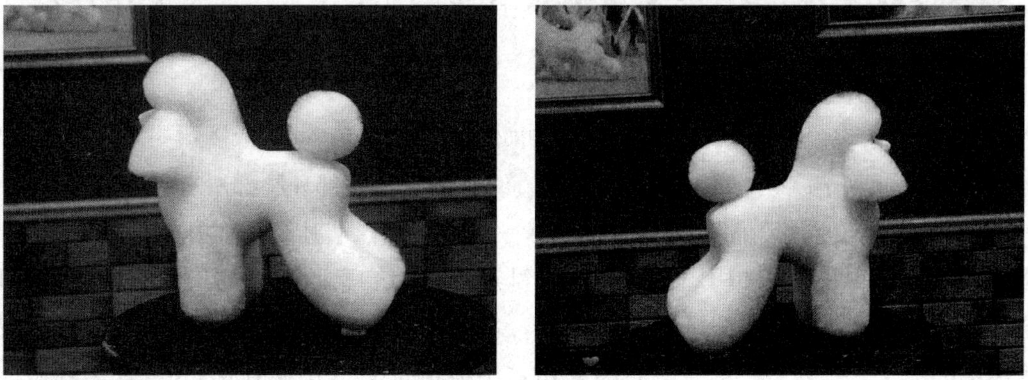

图 5-6　标准运动装

准备工具

电剪、电剪刀头（15 号、10 号）、美容剪（7 寸直剪，弯剪）、钢丝刷或针刷、美容师梳。

任务准备

在完成被毛梳理，耳朵、眼部的清洁，趾甲的修剪，剃脚底毛，洗浴，烘干，拉毛基础上进行修剪工作。

注意问题：

1. 洗澡后边吹边梳理被毛，将毛拉直。

2. 用 10 号电剪刀将腹底毛剃干净，公犬剃成倒“V”形，母犬剃成倒“U”形。

贵宾犬运动装的修剪步骤

1. 电剪操作

（1）剃脚（15 号刀头）。①将电剪指向腿的方向，从趾甲开始向上剃去脚背部及两侧的毛，修剪至掌骨，不要高于腿脚相接处，不能露出踝关节。②把脚掌翻转过来，剪去脚底部脚垫之间和脚垫周围的毛。修剪完后，趾甲和脚掌上都没有任何碎毛，脚垫暴露出来。③用手分开脚趾，剃去脚趾间的毛发，从趾间到肉垫，剃干净所有的脚底毛，不要划伤皮肤。④脚部一旦被剃伤或犬皮肤过敏，立刻使用犬用止痒剂、止血粉或喷雾剂，减少犬皮肤的刺痛感（图 5-7）。

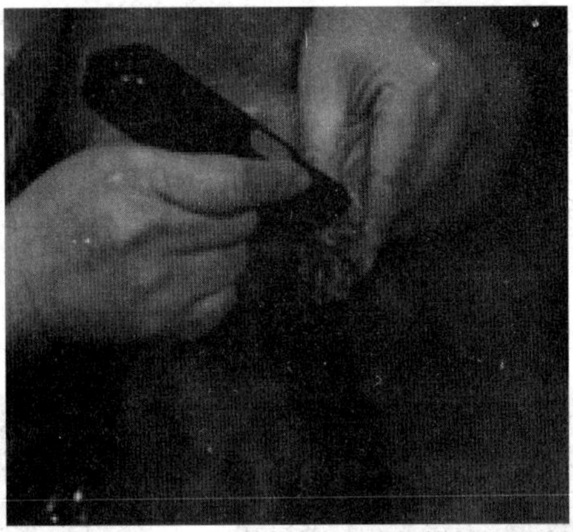

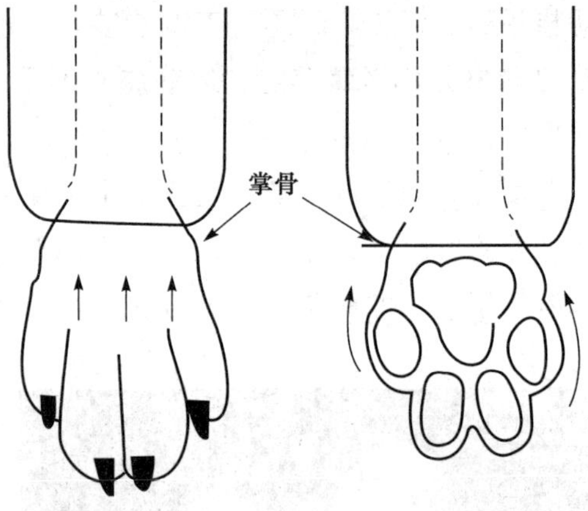

图 5-7　脚部修剪示意图

从耳朵上沿开始到外眼角，修一条平直线，剃去耳前部和脸部所有毛发。

（2）剃脸（15 号刀头）。①在眼角处修一条平直线，从耳朵前面开始到外眼角，剃去耳前部所有的毛发。②用手握住犬头盖部，用拇指绷紧眼角处的皮肤，小心剃去眼睛下面的毛发，不要碰及眼睛上部的毛发，以免破坏完整的头饰。③继续剃去脸颊及脸两侧的毛发。④为避免剃伤下唇的嘴角，用拇指将嘴角处皱褶展平再剃。⑤把犬的下全颌部压紧，剃去从唇到鼻子处的残留毛发，注意防止舌头伸出碰伤。⑥将犬的头靠在手腕上（同时手绕到犬头后），完成脸的另一侧修剪。⑦两侧脸都剃完后，在两眼之间剃一个倒“V”形。⑧抬起犬的头，剃到喉结下方 1～2 cm 处并且连接到双耳的前部，剃过的部位呈“V”形（图 5-8）。

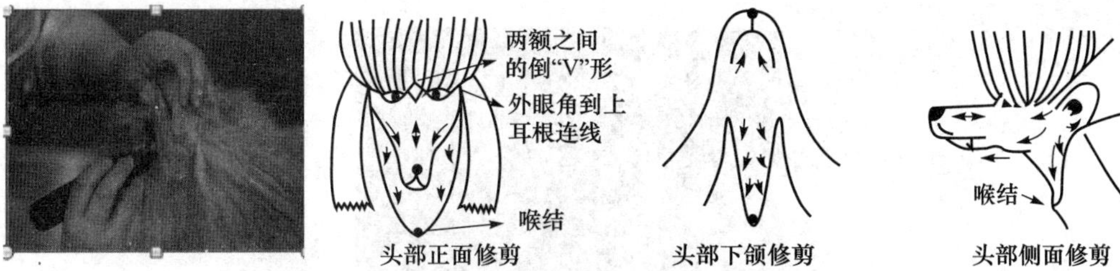

图 5-8　头部正面、下颌和侧面修剪示意图

（3）剃尾巴（15 号刀头）。①从犬背后，一手抓住犬的尾巴，从尾根 2 cm 左右开始剃至与身体的结合点为止。②修剪另一侧尾根，使剃的部位呈倒“V”形，尾部下方也剃成“V”形，与上部成菱形，便于以后臀部的修剪和粪便的清理。③尾部剃去 1/4 毛发，留下 3/4 修剪成看上去形状自然的毛团（图 5-9）。

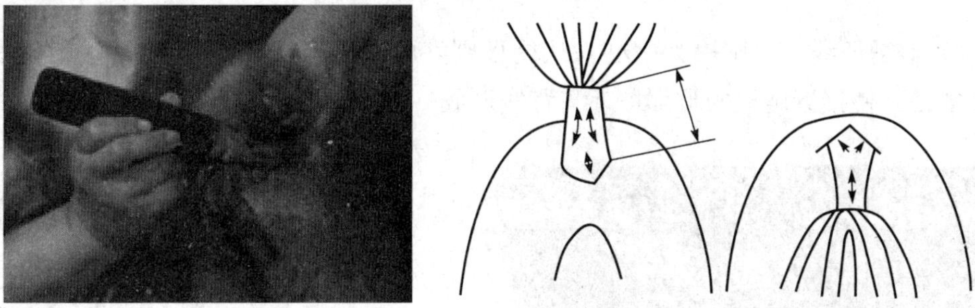

图 5-9　尾巴修剪示意图

2. 直剪操作

（1）修剪脚圆。①做成一个圆形的袖口，用梳子将脚踝处的毛垂直向下梳。②拿起剪刀放在水平位置上，沿脚踝完全剪掉修剪线以下足部以上的毛。③把皮毛向外梳理，用弯剪修出可爱的圆形效果（图 5-10）。

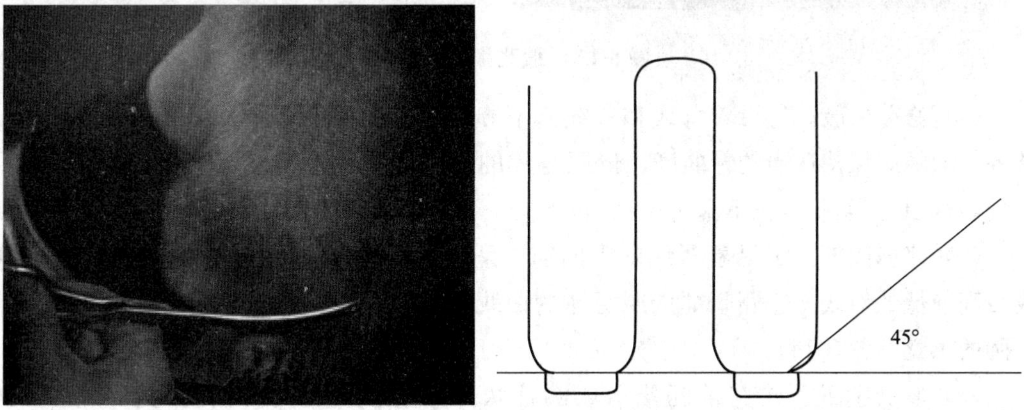

图 5-10　脚圆修剪示意图

（2）修剪背部。先在背部定一个平面，从臀部到背部修剪一段背线，从背部延伸到肩部，毛发逐渐增长。背部两侧的被毛以背线为基准，呈放射状修剪（图 5-11）。

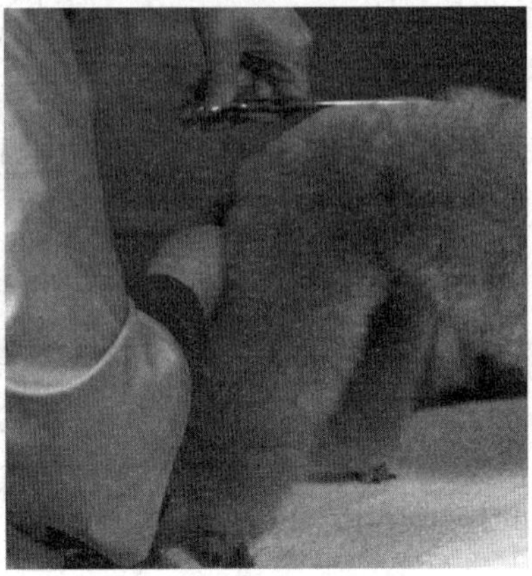

图 5-11　背线修剪示意图

（3）修剪股线。以尾根为中心，从尾根剃好的菱形上部开始修剪出一个与水平线呈 30°的角，使接近尾根的臀部被毛与背线形成一个斜面，将连接处修圆（图 5-12）。

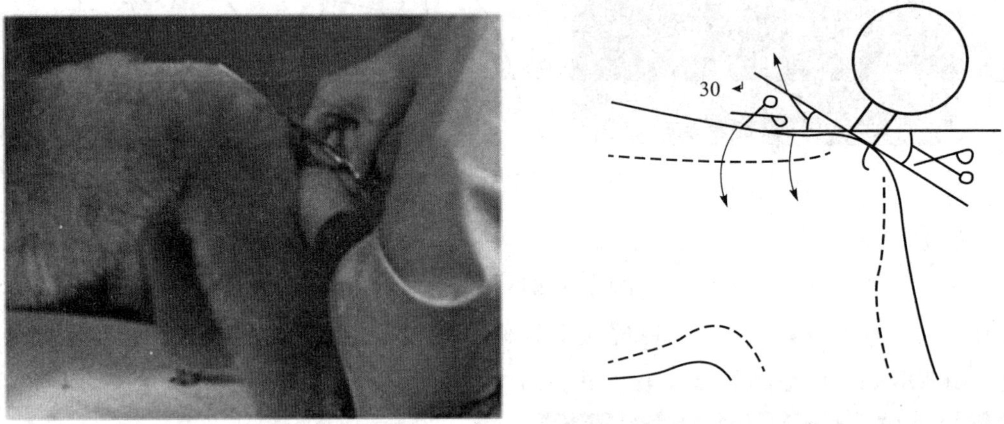

图 5-12　股线修剪示意图

（4）修剪后肢。①沿着背线和股线向下修剪后肢的被毛，将两腿之间的杂毛修剪整齐。后腿应保持适当的弯曲度，依照身体的自然曲线，膝关节要修出棱角，后脚飞节处，修出 45°转折（图 5-13）。

（5）修剪腹部。①沿着背线向下向前，呈放射状修剪腹部，定出下腹线，腹线修成后高前低的斜线。②侧腹部依照身体的曲线自然修剪。一般从后背部到腹部修剪出浑圆的感觉（图 5-14）。

（6）修剪前肢。①将前腿修剪成圆柱状。②注意将前腿内侧的毛发修剪干净。③从背线过渡到肩部，再过渡到前肢，与下腹部的毛自然衔接（图 5-15）。

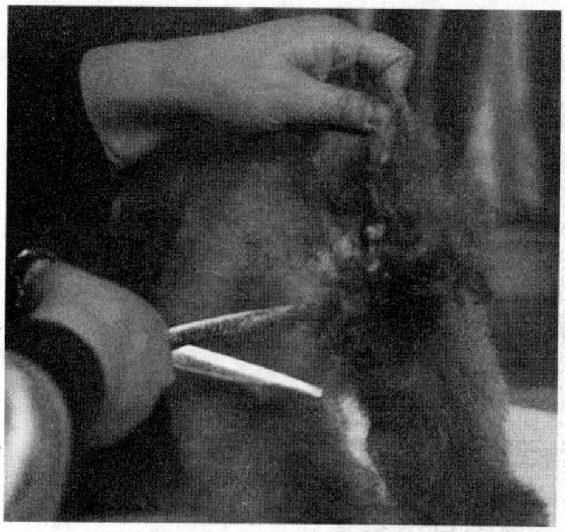

图 5-13　股线修剪示意图

图 5-14　腹部修剪示意图

（7）修剪前胸。前胸根据颈部的“V”形定装，从“V”形的两边开始修剪成一个圆形，并且与前肢的毛相连接，但连接毛不可留太多，以免使前胸看起来过于臃肿（图 5-16）。

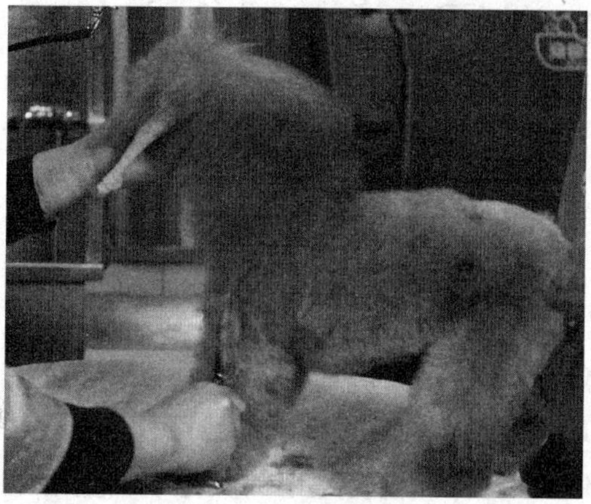

图 5-15　前腿修剪示意图

图 5-16　前胸修剪示意图

（8）修剪头部。头部做圆形修剪，要丰满有立体感，并与身体自然衔接。用直剪倾斜修剪两眼上方，剪成远离头一侧毛长，贴近头一侧毛短的斜面。美容师将头部饰毛全部挑起，正面采用五刀剪法，剪完后再做圆形修整。侧面用直剪，在耳朵与头部交界处剪出一条分界线，再采用三刀剪法，剪完做圆形修整即可。

①用弯剪从左侧开始，一个只手握住犬的嘴巴固定头部。②剪去从眼角到耳朵修剪线以下所有多余的毛发。③将剪刀平靠在犬头部的一侧，垂直向上修剪头部的侧面，剪去突出颧骨的毛发。④展开犬的耳郭部分，修剪耳孔周围所有的毛发。⑤按照从头盖骨底部的自然弯度修剪头的后部。⑥修剪两眼之间的前头饰，修剪部分不能低于眼线。⑦用同样的方法修剪另一侧。⑧修剪头饰顶部的毛发，在头饰中部留相对多的毛

发，两侧窄一些。⑨头饰的丰满度取决于犬皮毛的质地及个人爱好（图 5-17）。

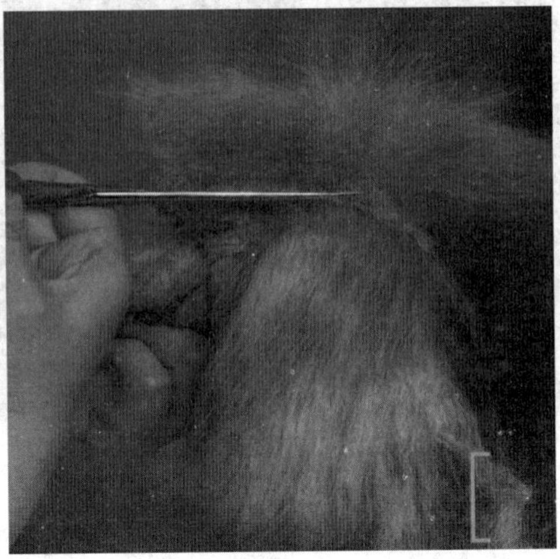

头饰正面修剪方法及完成图　　　头饰侧面修剪方法及完成图

图 5-17　头饰修剪示意图

（9）修剪尾巴。①将尾巴的饰毛旋转拧成绳状，根据尾巴的长度和毛量确定尾巴毛球的大小，用直剪将末端减掉，再做圆形修剪 ，将毛球修圆，也可用弯剪修剪。②可用弯剪或直剪从毛团底部开始，完成圆形修剪。③根据尾巴的长短，调整毛团的位置（图 5-18）。

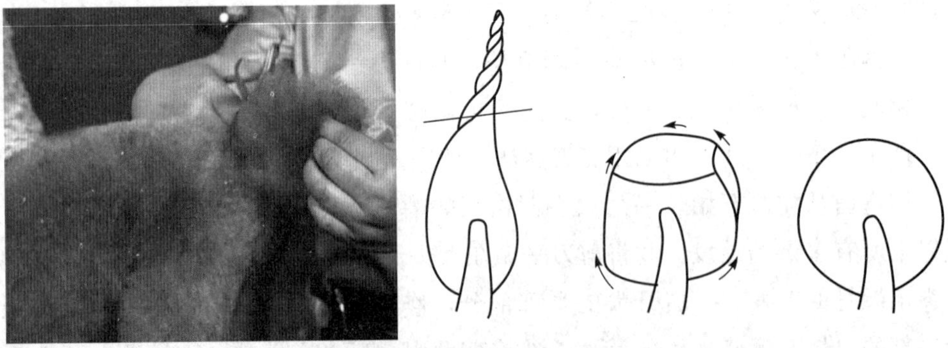

图 5-18　尾巴修剪示意图

(10) 修剪整体。观看整体效果，做局部修剪。贵宾犬整体修剪造型要对称、平衡，体现出身体各部分的比例关系（图 5-19)。

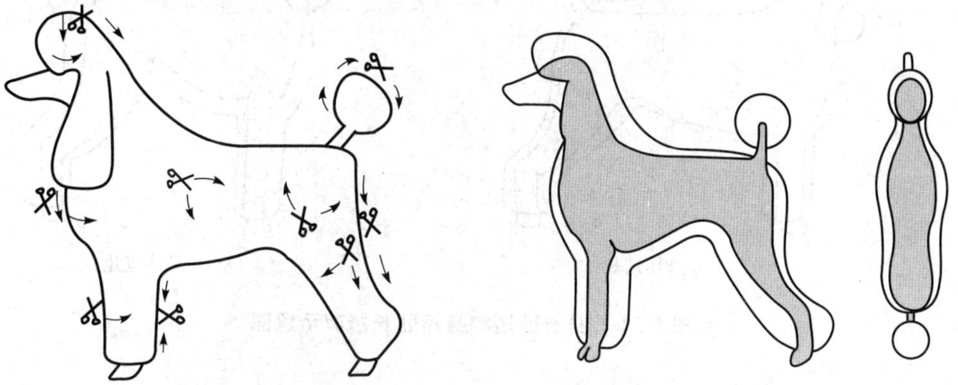

图 5-19　整体修剪

(11) 补正。如果各部位不标准，就需要通过修剪来进行弥补。①腿部畸形矫正修剪示意图（图 5-20)。②背部异常被毛修剪示意图（图 5-21)。③身长腿短和身短腿长修剪示意图（图 5-22)。

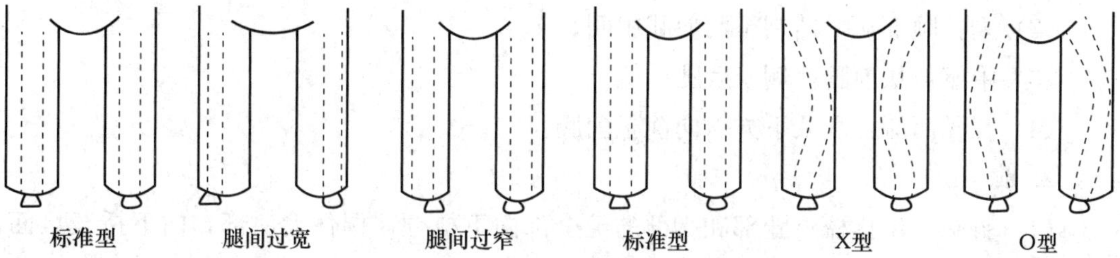

图 5-20　腿部畸形矫正修剪示意图

图 5-21　背部异常被毛修剪示意图

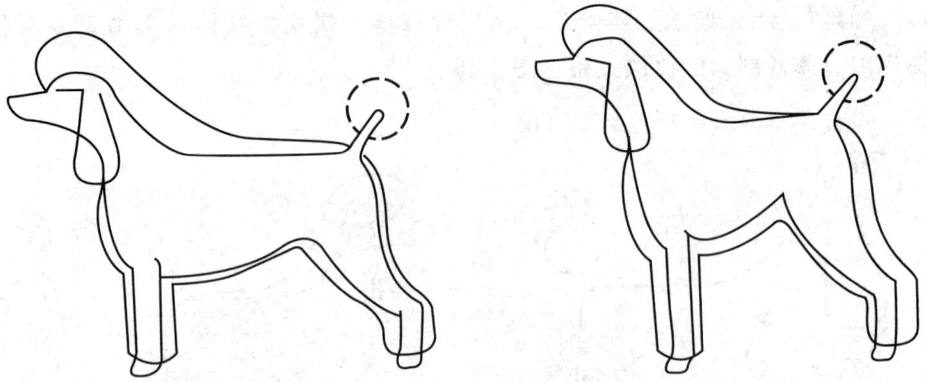

图 5-22　身长腿短和身短腿长修剪示意图

泰迪装的快速修剪方法

很多人觉得泰迪和贵宾是两种不同品种的狗，其实泰迪只是贵宾的一种美容妆。泰迪装的修剪与运动装的修剪步骤基本相同，下面只介绍不同之处。

1. 剃

（1）背：用 4F 的刀头，自枕骨后 2 指剃至坐骨端。

（2）胸：顺毛从喉结剃至两前腿中间。

（3）中躯：从前腿后侧至后腿前侧。

（4）脖子两侧：耳朵下方斜向前至前胸。

2. 剪

（1）脚圆。用排梳将腿部和脚部的毛全部向下梳顺，握住犬肘部，向下捋至桌面，握紧并向后抬起，修剪掉食指与拇指以外的毛。

（2）四肢。前肢修成棒球装，后肢与贵宾运动装一样（图 5-23）。

（3）躯干的修剪。泰迪装整体要体现的是可爱，所以躯干不能像贵宾的标准装那样腰身特别明显，应修剪成圆形。

（4）头部的修剪。

① 圆头。第一步：用牙剪将两眼间内眼角的毛剪掉，宽度不超过上下眼皮。第二步：用排梳把鼻梁上的毛全部挑起，梳成放射状，然后用直剪剪成不挡住下眼皮的圆弧形。第三步：下颌至喉结剪平。第四步：将额头上方的毛梳蓬松，以上眼皮为限，剪至外眼角向外一指的距离，然后再自然过渡，剪出额头。第五步：把耳朵收起，修剪整个头部的毛，剪圆即可。第六步：将耳朵的毛全部梳顺，用两指夹住耳根向下捋至需要剪的部位，用直剪修出圆弧。放下耳朵，梳蓬松，耳朵修剪圆润（图 5-24）。

② 泡芙头。将耳朵向后掀起，外眼角—上耳沿—下耳沿—喉结，这个区域的毛用牙剪修剪，只需和头部、口吻的毛区分开即可，不要剪得太短，更不能剪秃，再用直剪修圆，修的时候要把耳朵收起来（图 5-25）。

图 5-23 前腿修剪示范图

图 5-24 圆头装

③ 蘑菇头。第一步：用牙剪将两眼间内眼角的毛剪掉，宽度不超过上下眼皮。第二步：用美容师梳把鼻梁上的毛全部挑起，梳成放射状，然后用直剪剪成不挡住下眼皮的圆弧形。第三步：将口吻的毛发修短。第四步：将耳朵与头部的毛发梳蓬松，修剪成适合的圆形，耳朵与头不要分开（图 5-26）。

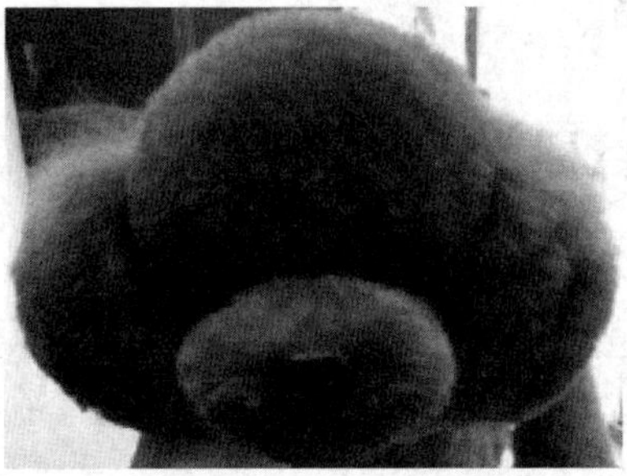

图 5-25 泡芙头

图 5-26 蘑菇头

（5）颈部的修剪。把耳朵抬起从前胸向颈部斜向上划弧。从耳根部由上往下向肩。

（6）耳朵的修剪。用排梳把耳朵上的毛梳起后用剪刀划弧，与头顶部接顺，耳朵边缘修成圆弧即可。

（7）尾巴的修剪。尾根部 1/3 剃掉，剩余的 2/3 先修方后改圆，修成一个小圆球即可。

（8）整体修剪。观看整体效果，做局部修剪。

【典型案例】

贵宾犬的另类造型（图 5-27）

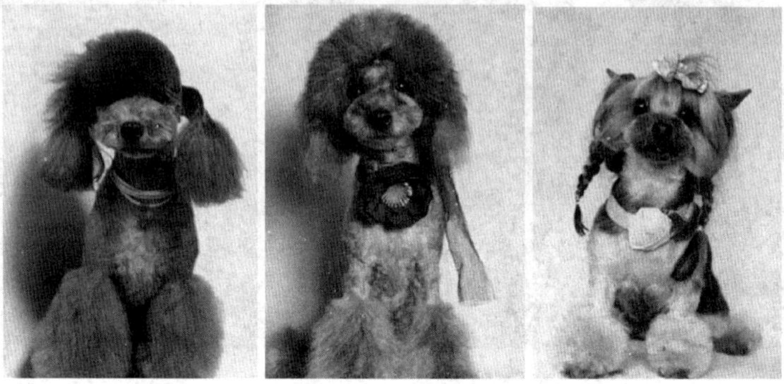

图 5-27　贵宾犬的另类造型

【工作任务】

【任务目标与质量要求】

◇ 在师傅指导下，练习贵宾犬的造型修剪。

【学习产出目标】

◇ 在师傅指导下，在日常工作中完成操作练习。

【考核评价】

【工作任务实施记录与评价】

修剪前	修剪后

续表

师傅评价	
作品总体评价	优　良　中　差

学徒关键职业能力及职业品质、工匠精神评价

项目	A	B	C	D
工作态度				
吃苦耐劳				
团队协作				
沟通交流				
学习钻研				
认真负责				
诚实守信				

学徒任务2 比熊犬的美容

【专业知识准备】

图 5-28 比熊犬标准造型

比熊犬（法语：Bichon Frisé，意指“白色卷毛的玩赏用小狗”）原产于法国，是一种小型犬品种。它们不会自然脱毛，因此毛发需要定期修剪。颜色一般白色。原称巴比熊犬，后称为比熊犬，有怀疑其是巴比特犬和水猎融犬的后裔，是一种娇小的、强健的白色小型犬，具有欢快的性格，从它羽毛般欢快地卷在背后的尾巴和好奇的眼神中就能体现出来（图 5-28）。

卷毛比熊犬 13 世纪前在欧洲就有了，特别受到西班牙人的青睐，14 世纪晚期，西班牙水手在航海中常把它作为交易品，最终在一个名为塔纳瑞夫的岛上聚集，这就是后来很有名的比熊犬。这些犬后来又被带到了意大利，在那里很快成为意大利贵族们的宠物，并成为欧洲贵族所喜爱的宠物。15 世纪初，当法国入侵意大利时，法国人被比熊犬毛绒绒可爱的样子迷住，并把它作为战利品带回法国。

比熊犬性情温顺、敏感、顽皮而可爱，这些特点也是此品种是否纯正的标志。比熊犬是小型犬，健壮，呆萌，蓬松的尾巴贴在后背，有着一双充满好奇的黑色眼睛。同时它的动作优雅，灵活，惹人喜爱。掉毛少，活动空间小，被饲养爱好者喜欢（图 5-29）。

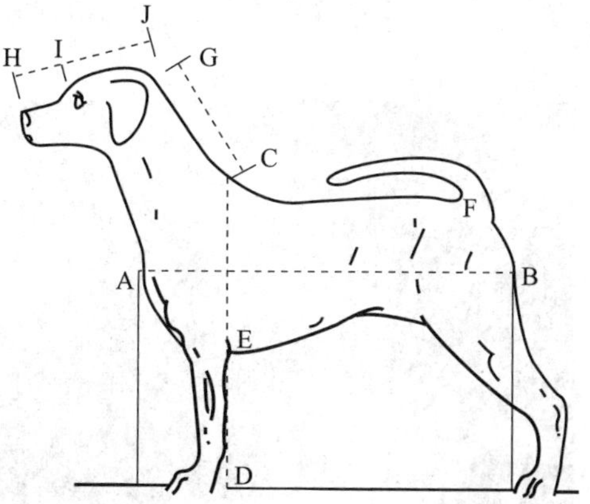

标准体型

AB:为体长，身长比身高长1/4。

CD:为体高，躯干呈长方形。

CE:CE与ED距离相等。

CF:CF比CD短1/4。

CG:CG为AB的1/3。

HI:HI为HJ的3/8。

IJ:IJ为HJ的5/8。

图 5-29　比熊犬标准体型

标准造型修剪

准备工作

电剪、10 号刀头、直剪、牙剪、美容梳、比熊犬。

操作方法

1. 任务准备

（1）给比熊犬洗完澡后，边梳边吹，使被毛至蓬松。

（2）用 10 号电剪刀头将脚底毛剃干净。

（3）用 10 号电剪刀头将腹底毛和肛门周围剃干净。

2. 操作步骤

（1）用牙剪剪短肛门下方的毛以及尾根的毛。

（2）用直剪将尾巴饰毛修剪成与背线只有 2 cm 的距离（图 5-30）。

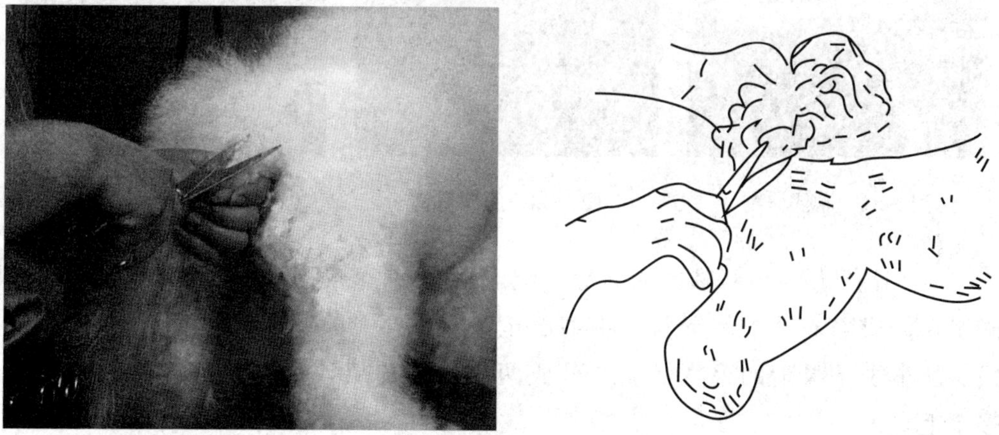

图 5-30　尾巴修剪示意图

（3）在尾根上方用直剪倾斜约 30°修剪出一个斜面，以尾根为中心将臀部修剪成浑圆状（图 5-31）。

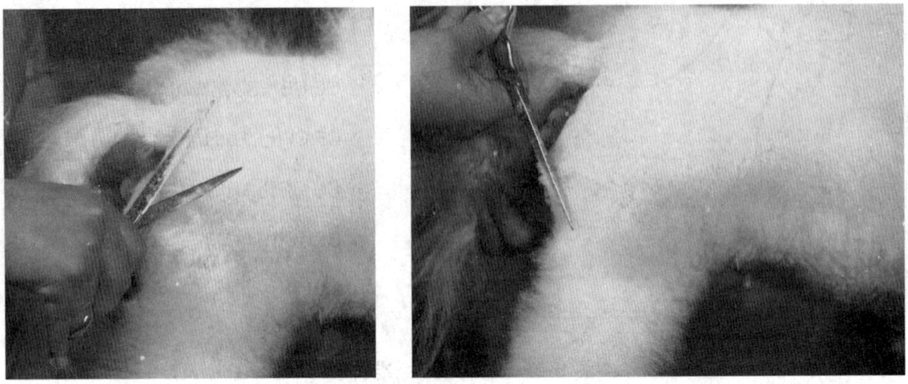

图 5-31　股线修剪示意图

（4）从臀部到背部水平修剪出一条背线。

（5）以背线为基准，从臀部向后肢呈弧形过渡修剪，后肢与臀部的毛发要形成浑然一体的感觉。用直剪修剪两后肢的杂毛，将飞节处修剪得有角度感。

（6）用直剪从臀部和背线过渡到腰部，在稍微靠前的部分修剪出腰线（图 5-32），这样犬的腰部显得细一点。

（7）将腹部的毛发剪成圆形（图 5-33），使侧腹部与正腹部自然衔接，腹线稍微高一些，修剪成前高后低的形状（图 5-34）。胸部至腹部的部分剪成圆瓶形，注意胸腹部的衔接。

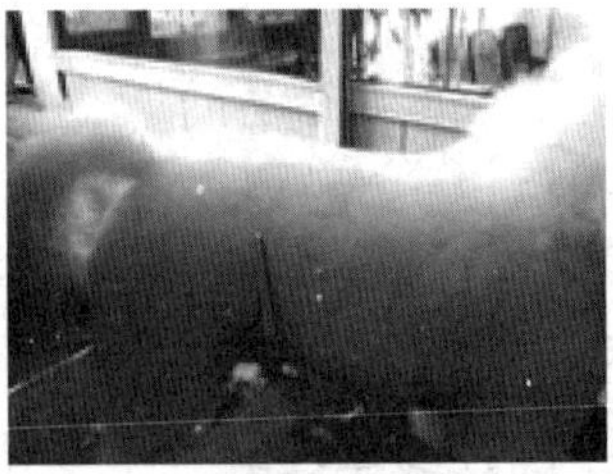

图 5-32　腰线修剪

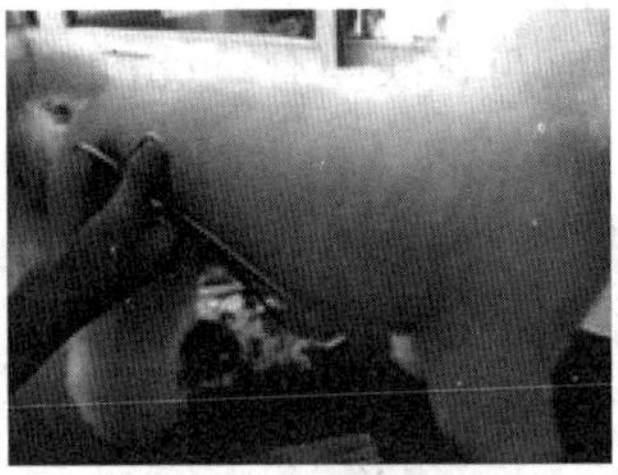

图 5-33　腹部修剪

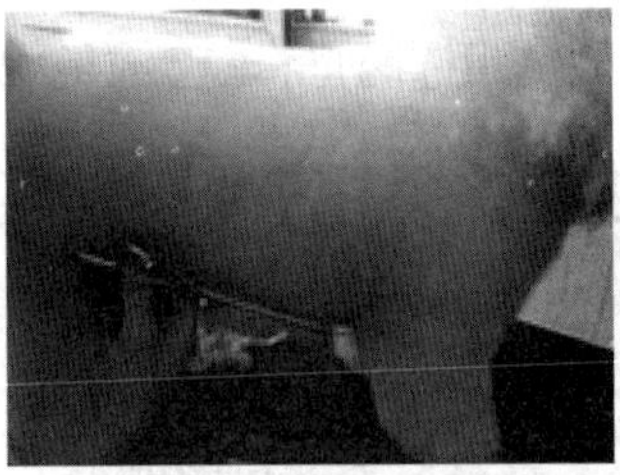

图 5-34　腹线修剪

（8）将比熊犬的头部修剪成圆形（图 5-35）。把眼睛周围的毛修剪整齐，将眼睛露出，修成陷入毛中的形状。将嘴巴至下颌的毛修剪成弧形，下颌的毛要剪得较短。从鼻子至眼睛的毛发，左右分成两半后，与胡须一起向下修剪，剪掉鼻尖上多余毛发。

（9）将犬颈部拉直，从头部到肩部和背部直线过渡，与背线融合。

（10）从下颌过渡到前胸，将前胸的毛发剪得很短，与胸部衔接，剪后胸部至腹部呈曲线（图 5-36）。

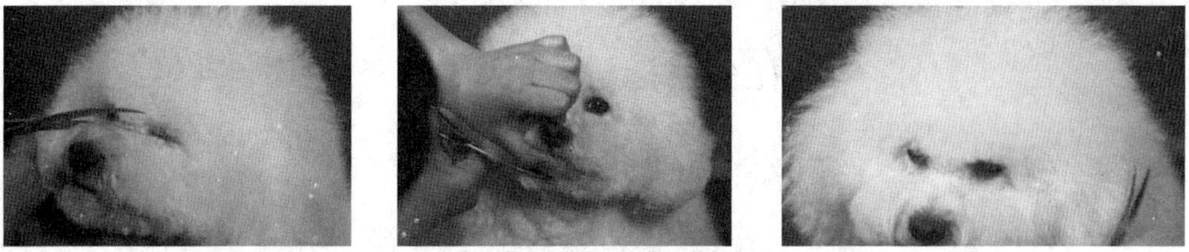

图 5-35　头部修剪示意图

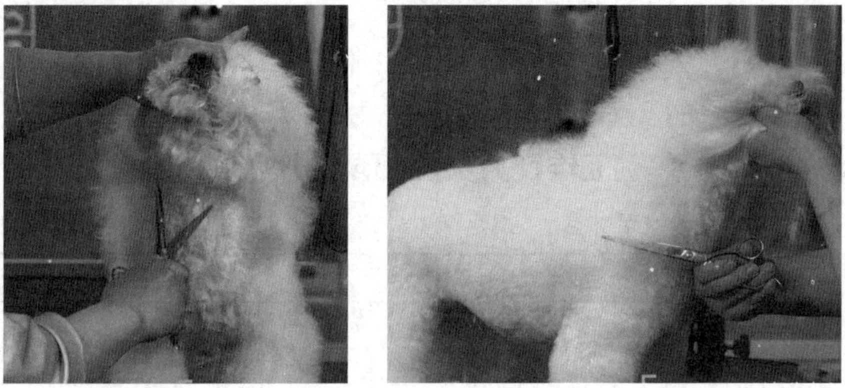

图 5-36　下颌修剪

（11）从肩至前肢外侧以直线向下修剪，将胸部被毛修剪圆润。前肢到肩部过渡，修成圆柱形，足部修剪至能看到脚趾的程度。在胸部与前肢的交接处修剪出曲线，这样使腿看起来修长一些（图 5-37）。

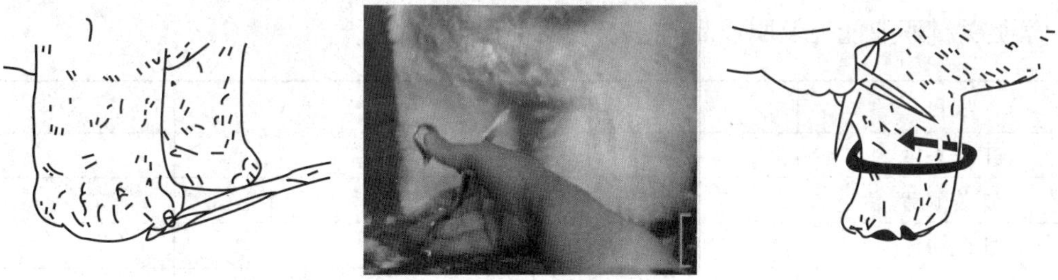

图 5-37　前肢修剪

（12）整形修剪。最后修整全身被毛，使比熊犬整体造型看上去浑圆、利落、可爱。

【工作任务】

【任务目标与质量要求】

◇ 在师傅指导下，练习比熊犬的造型修剪。

【学习产出目标】

◇ 在师傅指导下，在日常工作中完成操作练习。

【考核评价】

【工作任务实施记录与评价】

作品	
师傅评价	
作品总体评价	优　　良　　中　　差

学徒关键职业能力及职业品质、工匠精神评价

项目	A	B	C	D
工作态度				
吃苦耐劳				
团队协作				
沟通交流				
学习钻研				
认真负责				
诚实守信				

学徒任务3 雪纳瑞的美容

【专业知识准备】

图 5-38 雪纳瑞犬

雪纳瑞犬（图 5-38）属于㹴类犬的一种，起源于 15 世纪的德国，是唯一在㹴类犬中不含英国血统的品种。其名字 Schnauzer 是德语的"口吻" 之意，它们精力充沛、活泼，分为标准雪纳瑞、迷你雪纳瑞和巨型雪纳瑞 3 个品种。

标准雪纳瑞体长：59. 7～69. 9 cm。

迷你雪纳瑞体长：44. 6～49. 5 cm。

巨型雪纳瑞体长：30. 5～35. 6 cm。

颜色：纯黑色、椒盐色、银黑色。

毛发特征：双层毛，外层毛粗硬，呈金属丝状，内层毛密实且质地优良。毛色有

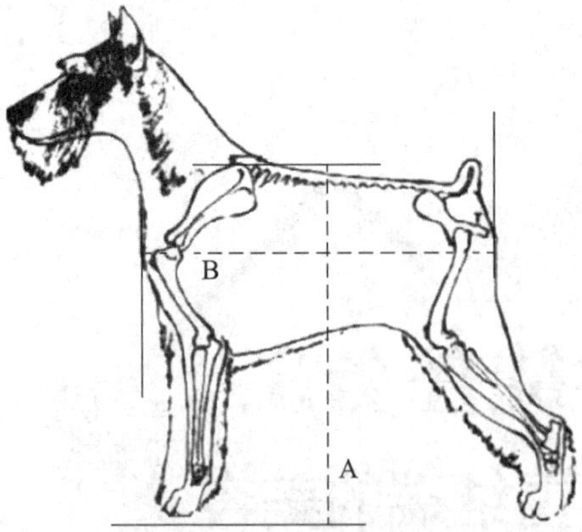

图 5-39　雪纳瑞犬

黑色、黑白相间呈灰色以及有黑色和银色相间（图 5-39）。

准备工具

排梳、针梳、钉耙梳、毛刷、沐浴液、护毛素、吹水机、吹风机、配刀头电剪、直剪、牙剪。

操作方法

1. 任务准备

（1）梳理、洗澡、卫生清理。

（2）剃脚底毛和腹毛。

2. 操作步骤

（1）电剪修剪

①修剪头部。使用 10 号刀头，从眉骨剃到枕骨处，两侧剃到外眼角与耳根连接处（图 5-40）。

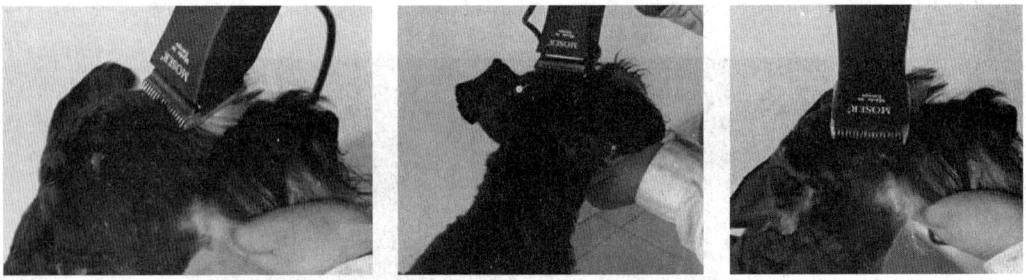

图 5-40　修剪头部

② 修剪面部。使用 10 号刀头逆毛剃，从外眼角到耳根剃成一条直线，下耳根剃至胡须根部，外眼角到嘴角外剃成斜线（图 5-41）。

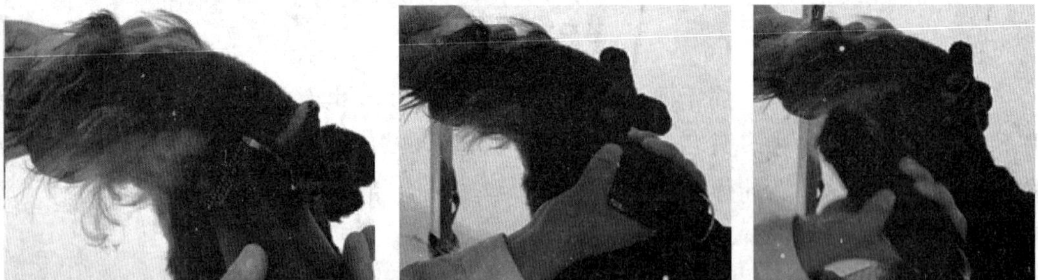

图 5-41　修剪面部

③ 修剪颈部。使用 10 号刀头，从下耳根处顺毛向下剃直线到胸骨上 2 指，呈

“V”形，下颌逆毛剃至胡须边缘（图 5-42）。

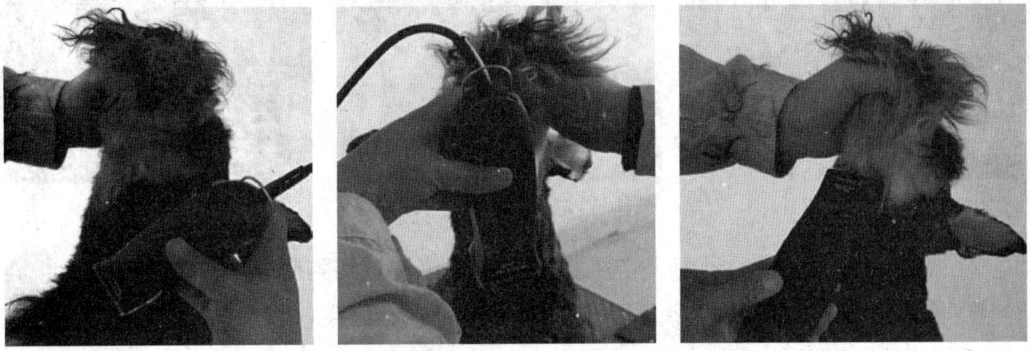

图 5-42　修剪颈部

④ 修剪耳部。换 15 号刀头，从耳根处顺毛剃到耳尖。耳朵内侧从外耳根处顺毛剃到耳尖。用 40 号刀头对耳边缘进行修剪，使用电剪时应用手固定耳朵（图 5-43）。

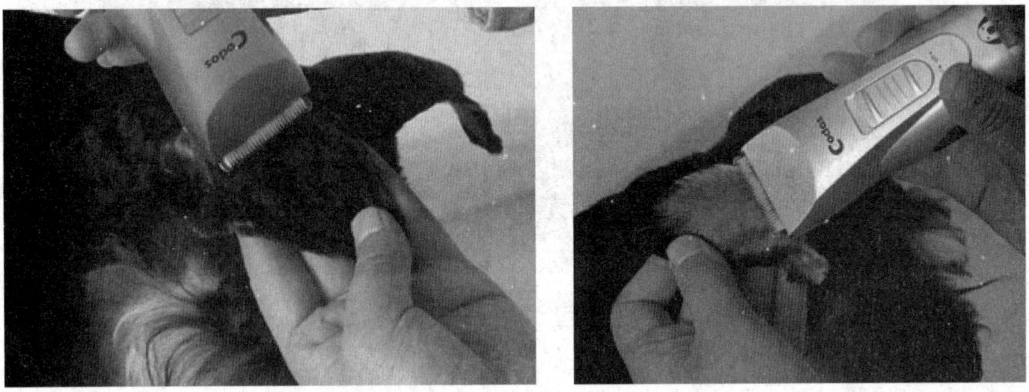

图 5-43　修剪耳部

⑤ 修剪躯体。换 7 号刀头，从枕骨沿脊椎顺毛剃至尾尖。从胸骨顺毛剃至前肘后侧 1～2 指，从前肘后侧依次向后剃斜线至腰窝，腰窝至后腿侧面剃斜线到飞节 2 指或 3 指（图 5-44）。

图 5-44　修剪躯体

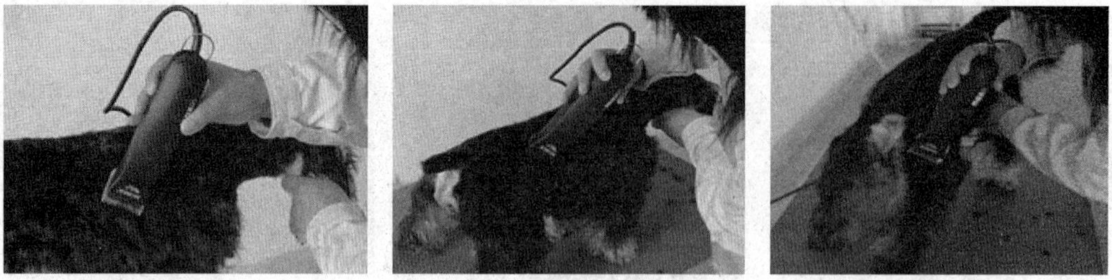

图 5-44　修剪躯体（续）

⑥ 修剪前胸。使用 7 号刀头，从胸骨上 2 指位置剃到胸底。

⑦ 修剪后躯。换 10 号刀头，从肛门向上逆毛剃至尾尖，肛门向下剃至生殖器，坐骨顺毛剃直线到膝关节后方（图 5-45）。

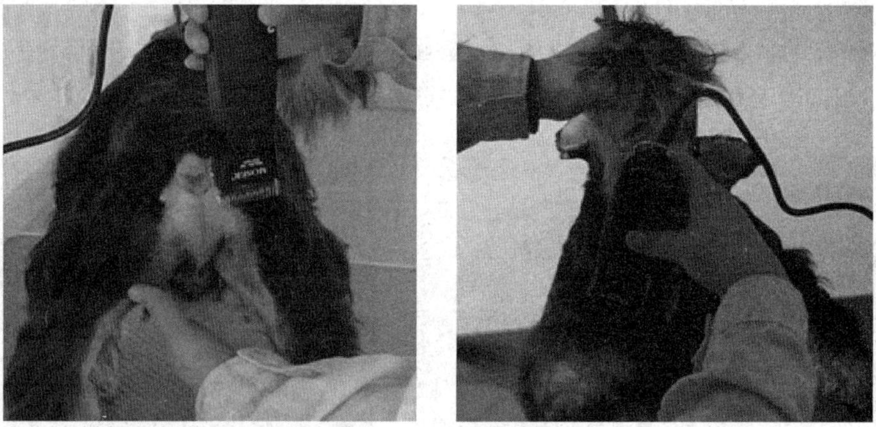

图 5-45　修剪后躯

电剪修剪部分运剪方向和修剪方法如图 5-46 所示。

（2）直剪修剪

① 修剪前躯。用梳子将胸部毛发挑起，从肘部向脚尖修剪直线，内侧修剪直线到桌面，肘后方修剪直线。将前腿修剪成上略细下略粗的“垒球棒”形。从腕关节到脚底部以直线方向修剪整齐，确认无游离的毛从关节或其他部位伸出，脚跟部不突出（图 5-47）。

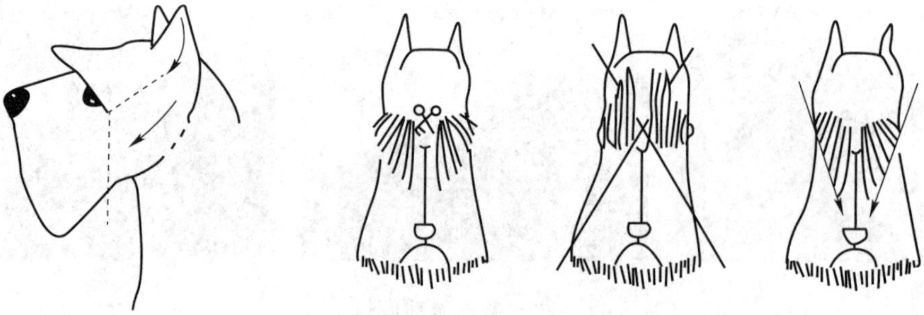

图 5-46　电剪修剪部分示意图

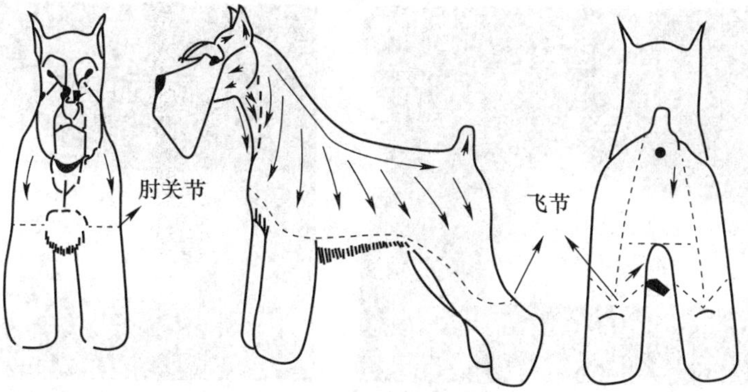

图 5-46　电剪修剪部分示意图（续）

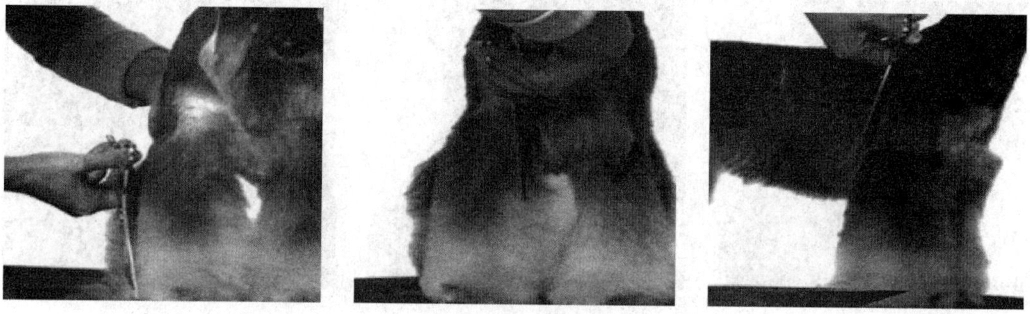

图 5-47　修剪前躯

② 修剪脚部。将剪刀端平修剪一圈。将脚圈与前肢衔接处修剪成圆形，与地面呈 25°的角，整体呈圆柱形（图 5-48）。

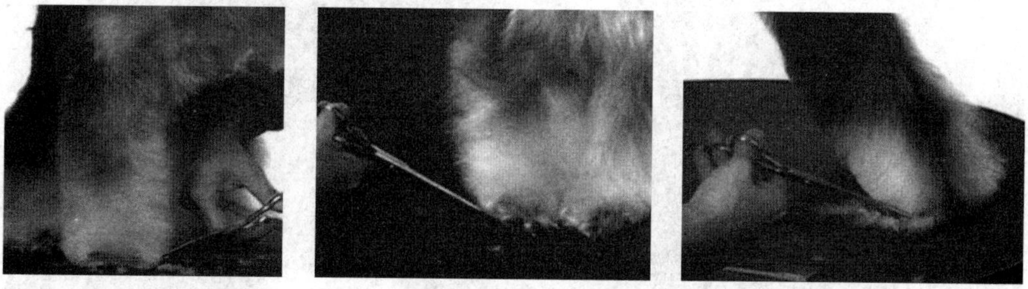

图 5-48　修剪脚部

③ 修剪腹部。将侧腹部毛发向下梳理，以肘下 2.5～3 cm 修剪小斜线到腰部，腹底毛修平（保护犬乳头及生殖器）（图 5-49）。

④ 修剪后躯。从后肢前方修剪斜线到脚尖。修剪后腿时要将膝盖上的毛发与跗关节上的毛发相融合，从膝关节向下到跗关节修成半圆形，后肢内侧修剪成直线，飞节处垂直于桌面，后脚跟与地面呈 45°（图 5-50）。

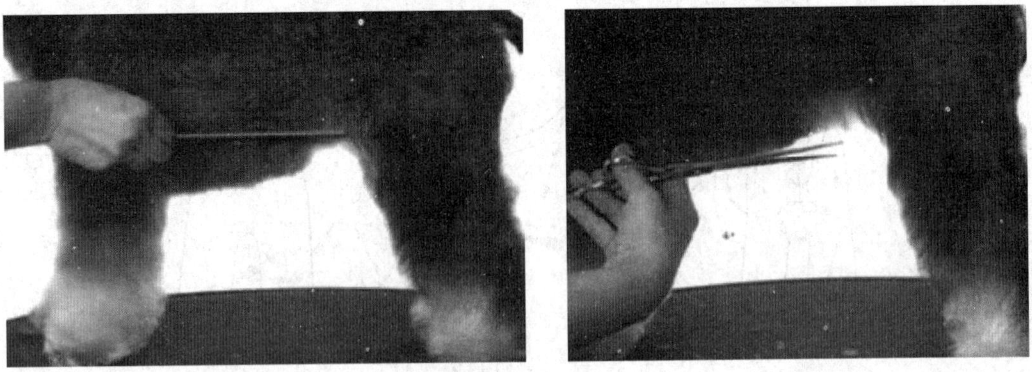

图 5-49 修剪腹部

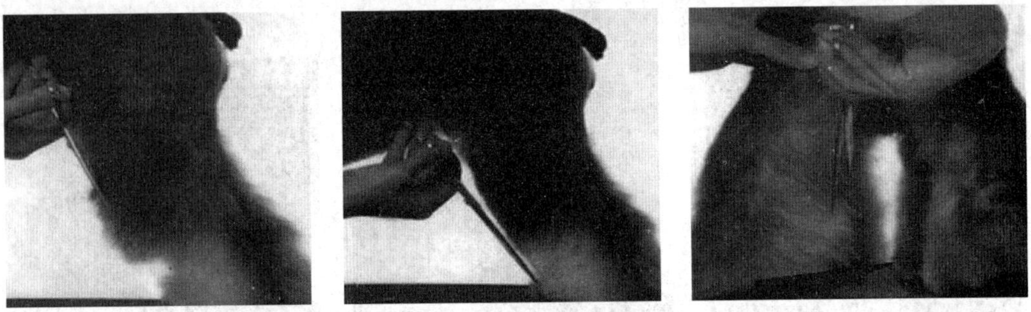

图 5-50 修剪后躯

⑤ 修剪耳部。从耳朵两侧的外耳根向耳尖修剪成直线。修剪耳边缘的小绒毛时，手指轻轻按住耳郭，用剪刀剪去周围绒毛，小心附耳（图 5-51）。

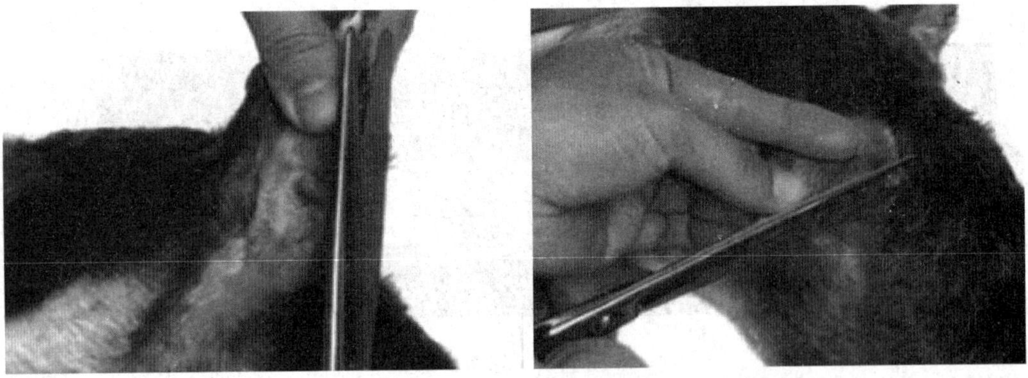

图 5-51 修剪耳部

⑥ 修剪眉毛。掀起眉毛剪掉睫毛（根据宠物主人要求），将眉打薄，把剪刀卡在两眼角处剪掉挡住眼睛的杂毛，将眉毛与胡子分开，从前方将眉毛修剪呈月牙形。修剪眼睛之间的毛发以形成分隔，要剪得干净、紧密，界限突出（A）。将眉毛向前梳，以鼻子为中心形成一条平行线，用剪子向前剪（B）。分别在外眼角处，剪刀对准鼻子中

心交叉处剪，两侧修剪处相交，形成一个倒“V”形，眉毛要与周围的短毛相融合（C、D）（图 5-52）。

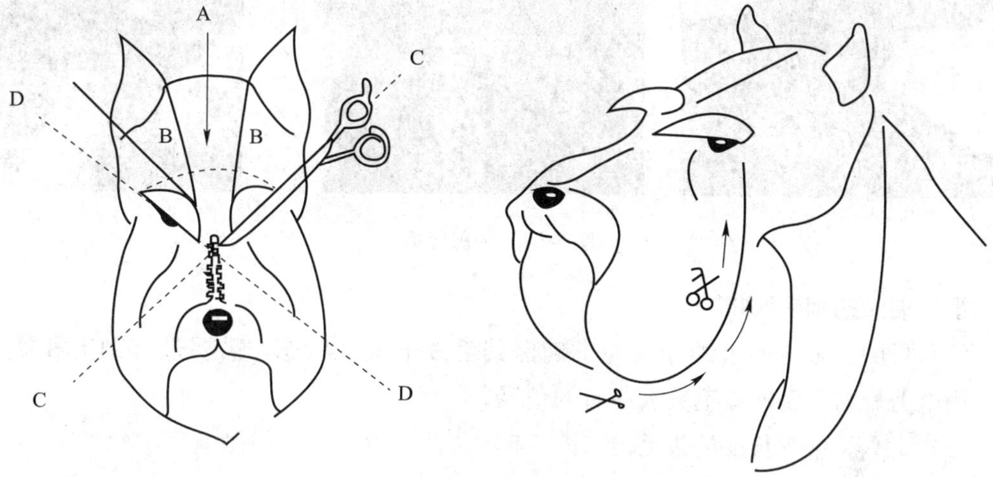

图 5-52　修剪眉毛

⑦ 修剪胡子。胡子向两侧梳齐，将鼻梁上的杂毛剪掉，将胡子修得略圆，但要保持胡子的长度，用剪刀沿直线将胡子剪成紧靠脸颊的矩形，不要动眼睛下部的毛，可以略修剪不平整凌乱的胡须（图 5-53）。

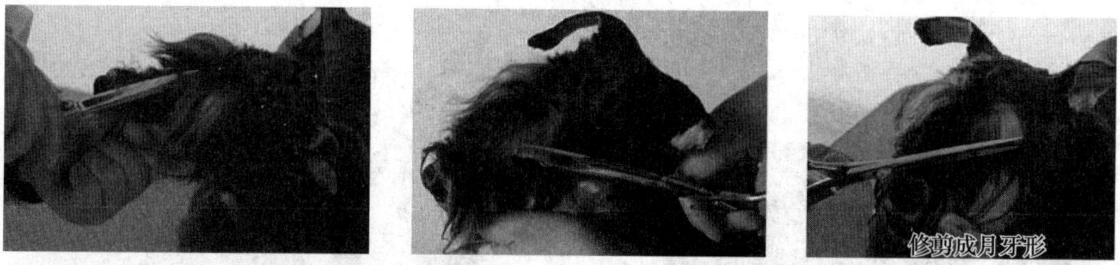

图 5-53　修剪胡子

（3）牙剪修剪（图 5-54）

① 修剪颈部。将耳根下方电剪所剃位置用牙剪修剪整齐。

② 修剪尾部。将坐骨下、尾部后方电剪修剪过的地方用牙剪修剪伏贴。

③ 修剪头部。将电剪修剪后的头部毛发修剪整齐，从鼻梁中间向内眼角两侧修剪斜线；额段中心向头顶部修剪伏贴；将牙剪插入两眉心之间，修掉杂毛，使眉心一分为二；将眉毛向前梳直，稍修饰使眉形更加整齐、美观。

3. 整体造型

整体造型要表现出机警、勇敢、活泼、友好、聪明、可爱、热情的特点。

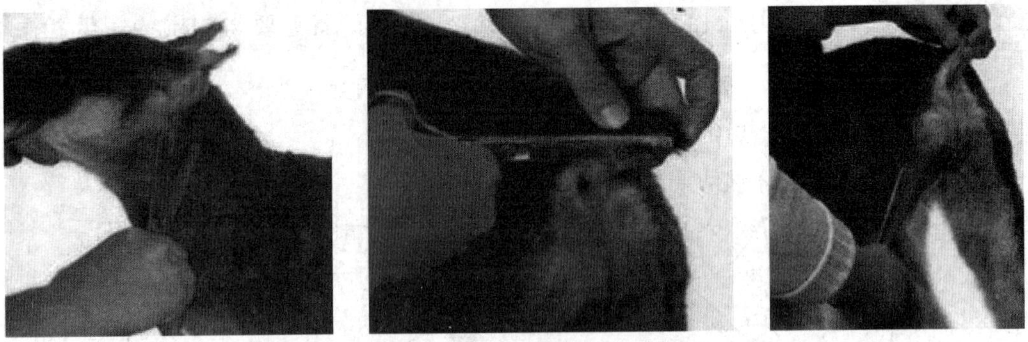

图 5-54　牙剪修剪

雪纳瑞犬的刮毛和拔毛

（1）目的。参赛的雪纳瑞犬为了确保其毛发的最佳状态，需要进行刮毛和拔毛。如果用电剪修剪，会使被毛失去应有的色泽。

（2）工具。中等长度的拔毛刀（图 5-55）。

（3）范围。电剪剃的部分就是需要刮毛和拔毛的区域。

（4）步骤（图 5-56）。

① 第 1 作业面上，用梳子梳起少量的毛发靠在拔毛刀片上，手抓住犬只被皮，右手紧捏住毛尾，顺毛发生长的方向，用力连根拔掉。用同样的方法将此作业面上所有被毛拔掉，露出皮肤。

图 5-55　拔毛刀

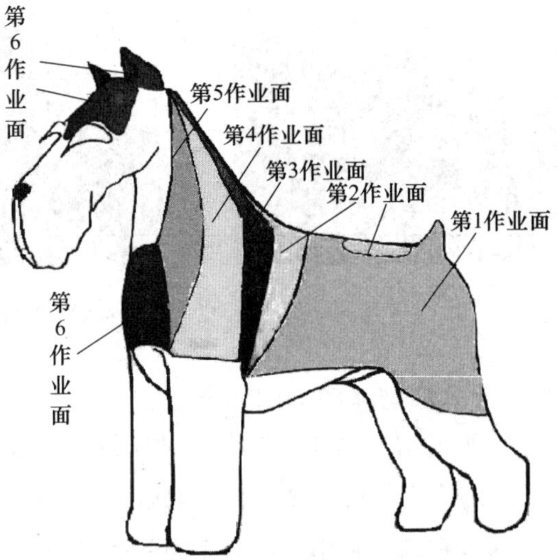

图 5-56　刮毛和拔毛步骤

② 在裸露的皮肤上涂上消毒药膏，并保持清洁。

③ 隔 1 周后拔第 2 作业面上的被毛，以此类推，将第 3 至第 6 作业面上的被毛拔掉，每个作业面间隔 1 周。一般拔毛分 4 周完成，拔毛后经过 8 周的生长被毛长度即可

达到比赛的标准长度。不可将毛发缠绕手上用力向上拽，这样会损伤毛发。

④ 拔毛完成后4～5周，底部细绒毛长出，此时要耐心地将长出的底毛拔光，留下贴紧皮肤的粗毛，即期待中的刚毛，此时拔毛步骤完成。

⑤ 刚毛长出后，分别使用粗、细齿的刮毛刀适度地刮细毛，每周1次。背部用粗齿的刮毛刀顺毛刮过，细齿刮毛刀于颈、头部刮掉不伏贴的细毛。

⑥ 处理完新长出的底毛后，刚毛将随后长出，此时不要清洗犬的被毛。普通的宠物沐浴液和水会破坏刚毛的硬度。因此洗澡时只洗犬的脸部、四肢及腹部等部位。刚毛必须清洗时，只能使用㹴犬专用的“刚毛”洗毛精。

【工作任务】

【任务目标与质量要求】

◇ 在师傅指导下，练习雪纳瑞的造型修剪。

【学习产出目标】

◇ 在师傅指导下，在日常工作中完成操作练习。

【考核评价】

【工作任务实施记录与评价】

作品	
师傅评价	
作品总体评价	优　良　中　差

学徒关键职业能力及职业品质、工匠精神评价

项目	A	B	C	D
工作态度				
吃苦耐劳				
团队协作				
沟通交流				
学习钻研				
认真负责				
诚实守信				

学徒任务4
博美犬的美容

【专业知识准备】

博美犬名得自于德国东北部的地区——博美拉尼亚。这种犬是北方雪橇犬家族中体型最小的一种，早期属于工作犬或看护犬，直到欧洲文艺复兴时期才真正转换为适居户内的伴侣犬，不过原始的天性使然，它仍然具备看护家园的本领。

准备工作

电剪、10 号刀头、直剪、牙剪、小剪刀、美容师梳、博美犬。

操作方法

1. 任务准备

（1）用 10 号电剪刀头将脚底毛剃干净。

（2）用 10 号电剪刀头将腹毛剃干净，公犬剃成倒“V”形，母犬剃成倒“U”形。

（3）用 10 号电剪刀头将肛门周围的毛剃成“V”形，宽度不超过尾根。

2. 操作步骤

（1）将博美犬的脚修剪成猫足状。将犬脚向前伸，用拇指将脚趾上的毛推向右边，用小直剪剪掉超过足垫边缘的多余饰毛，再将毛推向左边，剪掉多余饰毛，露出趾甲。然后处理断层，使脚看上去有弧度。

（2）将牙剪放在尾根位置，从两边各倾斜 45°修剪尾根的被毛（图 5-57），掀起尾巴，捏住尾巴中间的饰毛，将尾部的毛向上挑起，修剪尾根上的毛，修至几乎与尾巴伏贴，从侧面看尾根提至腰部，并将侧面边缘的毛剪至扇形，使尾巴服帖背上，将影响尾巴与背部服帖的毛剪掉。

（3）用直剪修剪臀部。将修剪范围扩大到臀部上方一点，将臀部以及大腿至飞节

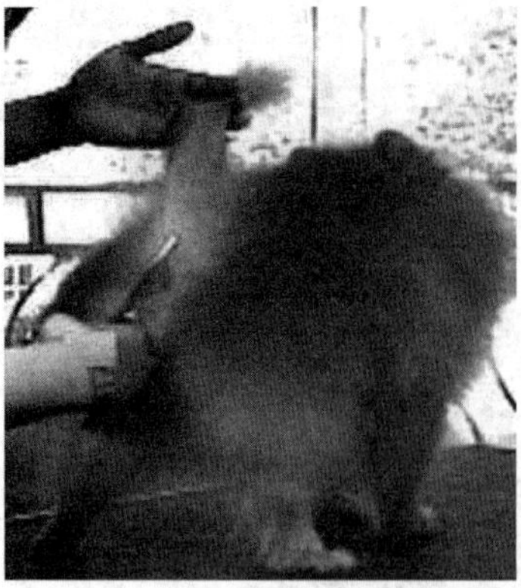

图 5-57 尾根的修剪

修圆，并将大腿修成“鸡大腿”状。

（4）将后肢关节处的毛挑起，观察飞节与桌面是否垂直，若垂直则将参差不齐的毛剪掉（图 5-58 和图 5-59）。飞节若向前斜，则上部留毛短，下部留毛长；若向后斜，则上部留毛长，下部留毛短。

（5）修剪腰线。用直剪左右各倾斜 45°沿臀部修剪出与股部的分界线，在后肢前修剪出一条弧线，但不要特别突出腰。

（6）用直剪从后肢大腿处沿下腹部曲线修剪至前肢饰毛，平行修剪下腹部，并修成弧形的腹线（图 5-59）。

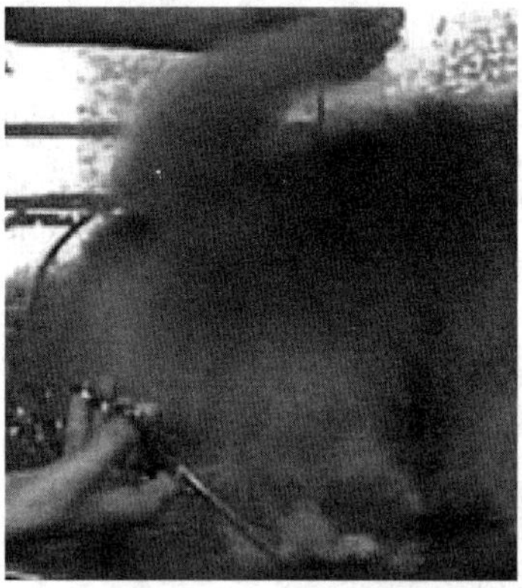

图 5-58 后肢的修剪

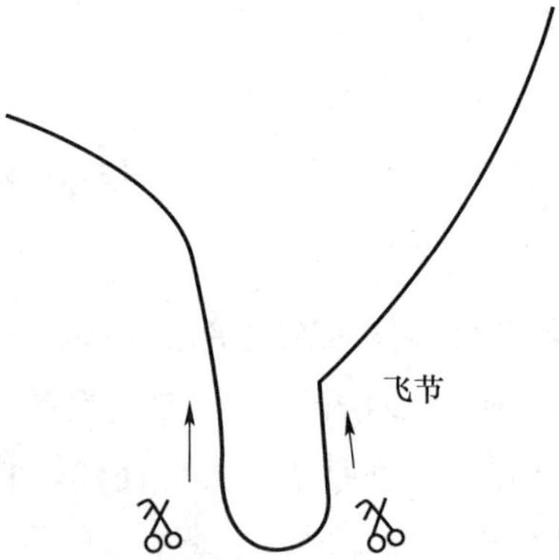

图 5-59 后肢修剪示意图

（7）犬两前肢正常平行站立，将胸部毛挑起，用直剪从上向下、从右向左横剪出两个圆，圆的最低点剪至肘关节，使胸部浑圆、饱满（图 5-60 和图 5-61）。

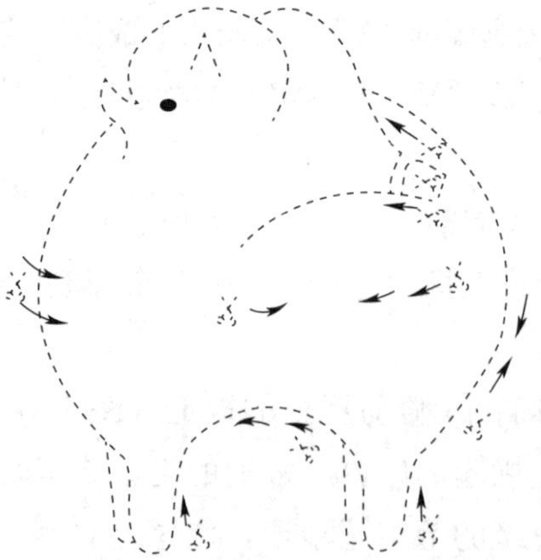

图 5-60 博美犬的修剪运剪方向

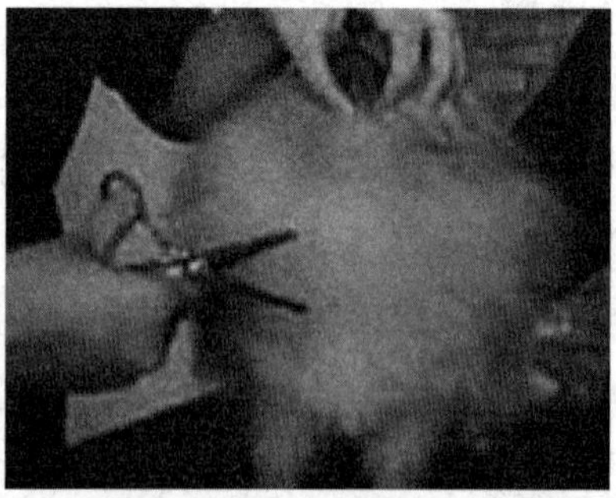

图 5-61 修剪胸部

（8）将前肢剪成垂直于地面的形状（图 5-62 和图 5-63）。

图 5-62　修剪前肢

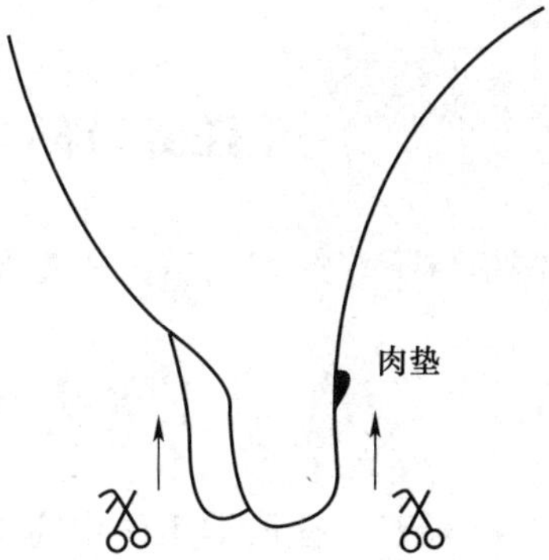

图 5-63　修剪前肢示意图

（9）用拇指与食指握住犬的上下颌，小指从头顶绕过扣住头后部，挡住眼睛，分别从上面和下面用直剪剪掉胡子和眉毛。

（10）用声音吸引犬将耳朵摆正，手摸到耳朵位置，用拇指和食指捏住，再用小指剪剪掉耳尖多余饰毛（图 5-64），使耳尖、眼角、鼻尖成正三角形。

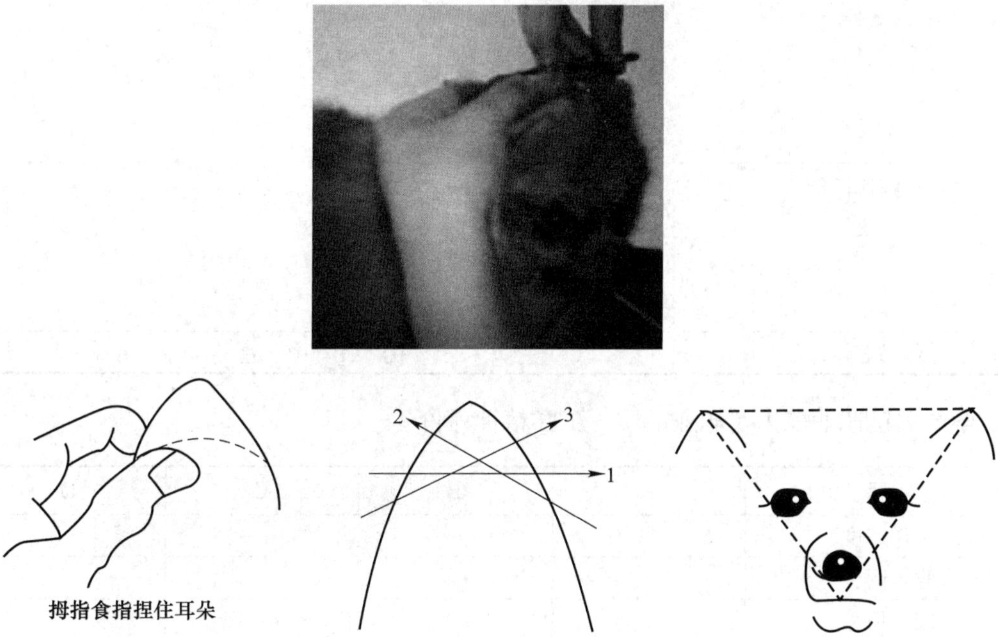

图 5-64　耳朵的修剪方法示意图

（11）用直剪将背部参差不齐的被毛修齐、修圆。

3. 整体修剪

用牙剪整体修剪，将参差不齐的毛修顺，形成浑圆、利落、可爱的造型。

【工作任务】

【任务目标与质量要求】

◇ 在师傅指导下，练习博美犬的造型修剪。

【学习产出目标】

◇ 在师傅指导下，在日常工作中完成操作练习。

【考核评价】

【工作任务实施记录与评价】

作品	
师傅评价	
作品总体评价	优　良　中　差

学徒关键职业能力及职业品质、工匠精神评价

项目	A	B	C	D
工作态度				
吃苦耐劳				
团队协作				
沟通交流				
学习钻研				
认真负责				
诚实守信				

学徒任务5
猫的美容护理

【专业知识准备】

为什么要给猫做美容？猫做美容真的好吗？

对猫的美容保健不仅可以让猫保持干净健康，同时可以预防很多疾病。猫的美容保健包括很多，比如眼睛、耳朵的保健，趾甲的美容等，那么猫美容保健的方法有哪些呢？

1. 耳朵的保健

检查猫耳朵里面有无污物，若有污物，则用一个棉花球蘸橄榄油，将污物清除。如果猫总是不断地抓耳朵，很可能是患有耳病，看看耳内有无黑色腊质的斑痕。猫总是抓耳的另一个原因，可能是耳朵被耳屎堵塞。如果猫持续抓挠，应请兽医诊断。

2. 眼睛的保健

猫眼周围的污物可以简单地揩掉：用一块棉花在温水中浸湿，轻轻将污物擦去。猫眼应该明亮而清洁。如果有发炎或分泌物，猫可能有严重的健康问题。

3. 洗脸

长毛猫往往容易有泪腺堵塞的情况发生。发生这种情况时，眼泪流到面颊上，脸上留下难看的黑色斑痕。为了清除污痕，应该用棉球蘸淡盐水，擦猫脸颊上的毛。如果经常发生这种问题，应请兽医诊治。

4. 口腔的保健

检查猫牙上有无牙垢。理想的做法是，每星期给猫刷洗一次牙齿，防止形成牙垢。然而您的爱猫可能拒绝这种有损尊严的治疗。如果发生这种情况，有必要每年请兽医剔除牙垢并进行牙齿磨光。

5. 猫爪的保健

任何健康而且活跃的猫，它的爪子自动会得到修剪，因为当猫运动时，爪子就会磨损。但是如果您的猫年龄已大，或者养在室内，您应该经常检查猫爪，看是否需要修剪。

如果需要修剪猫爪就应把猫紧紧地抱在膝上，用手指压住猫掌，使猫爪向前伸出。仔细检查猫爪。猫爪的的指甲下的肉根中含神经，不可剪去活肉。

【工作任务】

【任务目标与质量要求】

◇ 在师傅指导下，练习猫的基础护理。

【学习产出目标】

◇ 在师傅指导下，在日常工作中完成操作练习。

【考核评价】

【工作任务实施记录与评价】

猫的美容护理			
日期	师傅指导记录	工作任务完成质量评价	评价成绩

学徒关键职业能力及职业品质、工匠精神评价

项目	A	B	C	D
工作态度				
吃苦耐劳				
团队协作				
沟通交流				
学习钻研				
认真负责				
诚实守信				

第六部分

宠物美容辅助措施

The sixth part
The sixth part
The sixth part
The sixth part

学徒任务1
染色

【专业知识准备】

◇ **染色工具及材料**

染色毛犬：最好是浅色毛犬，染色之前要先洗澡，洗澡时只能用普通清洁型沐浴液或漂白沐浴液，不能用含护发成分的沐浴液。洗好后要完全吹干拉直，不能有死毛和毛结。

染色工具：宠物用染色膏、染色刷、染色碗、塑料手套、排梳（或分界梳）、保鲜膜（或塑料袋）、锡纸、发夹（图 6-1）。

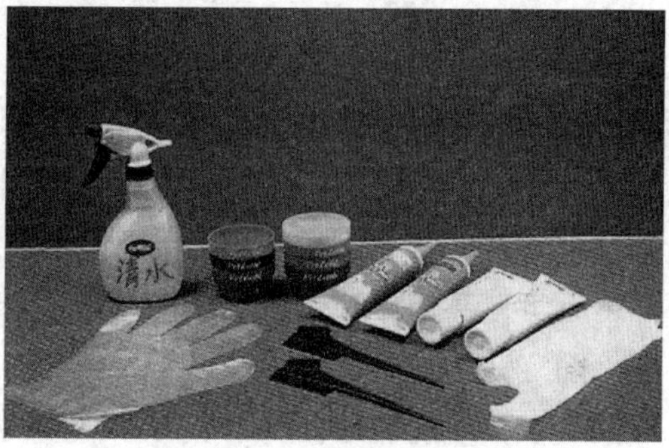

图 6-1　染色工具

◇ **操作方法**

第一步：分区。用塑料袋或保鲜膜将需要染色的被毛与不需要染色的被毛分开，以防止在染色的过程中将染色膏染到不需要染色的被毛上，影响整体效果（图 6-2）。

第二步：调色。将需要的染色膏挤在染色碗中。如需要调色，则按调色卡上的说明将几种不同颜色的染色膏挤在调色盘中搅拌均匀，调出所需的颜色（图 6-3）。

第三步：染色。戴好塑料手套。用染色刷蘸取适量染色膏涂抹在要染色的毛发上，用染色刷将染色膏均匀刷开，染色时要不时地用排梳梳一下，也可用分界梳将染好的一小层被毛与未染好的被毛分开，一层一层进行染色。

染好后，用手指将已染色的部位进行揉搓，直到确认被毛已经染透，要保证每根被毛上都被均匀染色（图 6-4）。

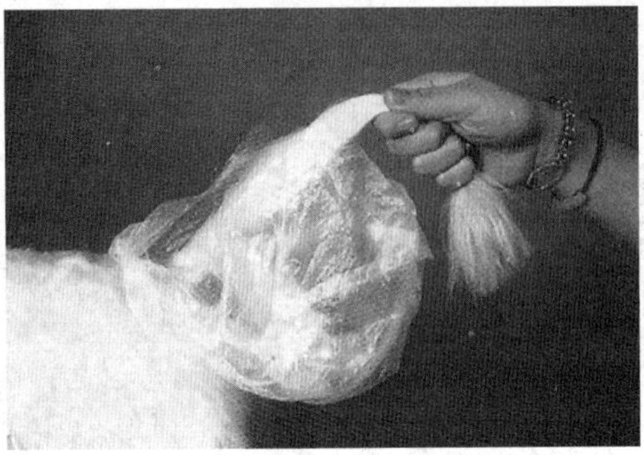

图 6-2　分区

图 6-3　调色

第四步：包裹。将刷完颜色的部分用梳子梳理后，再用锡纸将染色的部位包裹。用发夹将包裹好的部位固定，30 min。为加快染色速度，可用吹风机加热 10～15 min，在加热时不要让风筒离被毛太近，防止损伤被毛（图 6-5）。

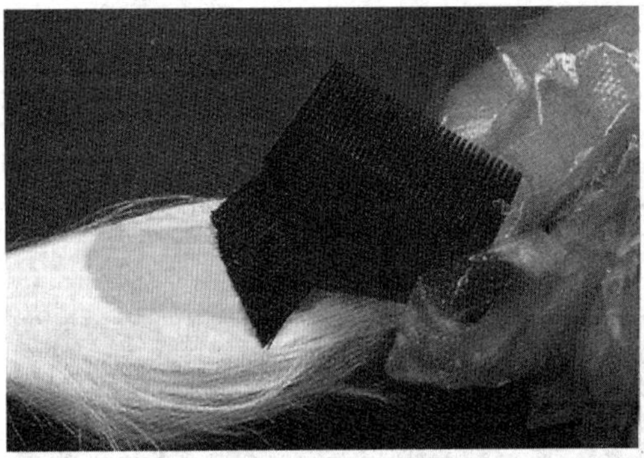

图 6-4　染色

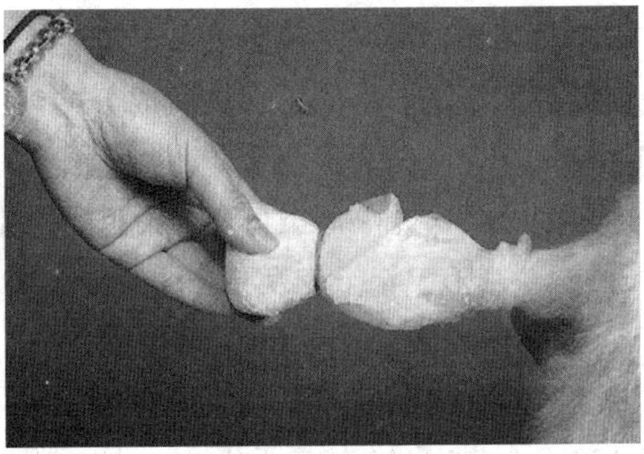

图 6-5　包裹固定

第五步：其他部位染色。用同样的方法将身体其他部位要染色的被毛分离、刷毛、包裹，固定 30 min。

第六步：冲洗梳理。打开锡纸，将染色部位用清水冲洗干净或清洗全身。将被毛彻底吹干，梳理通顺。

第七步：修剪。将各染色部位间的边缘适当修剪。

◇ 注意事项

1. 有皮肤病或外伤的宠物不能进行染色。

2. 染色的宠物最好是白色的。

3. 在染色前一定要确保宠物的被毛完全梳理通顺。

4. 如果要给宠物进行全身染色，一般按背部、四肢、尾巴、头部的顺序进行，以防先染好头部后，宠物不老实，耳朵乱动，将染料染到身体其他部位。如果染料不慎掉在其他部位的被毛上，不要直接用手擦，可涂一些去除液。

5. 在染全身时，为避免出现色差，最好将所需染色膏的数量一次性准备好，或将耳朵和尾巴染成不同的颜色。

6. 染色膏染出的颜色效果由宠物被毛的底色和毛质决定，实际染出的颜色不一定和色板颜色一样或接近，因此一定要事先告知宠物主人，以防出现纠纷。染何种颜色，除了宠物主人的要求外，还取决于季节、性别等因素。

7. 大部分宠物在染色后情绪都不会有很大的变化，但个别宠物会因为自己变得和以前不一样而不开心，显得有点郁闷，不像平时那么活泼了。在这种情况下，一方面要通过表扬它漂亮，让它有自信；另一方面要观察它的食欲，测体温，检查是否因为外出洗澡、美容而引起身体不适。

【拓展知识】

染色工具介绍

1. 染色膏

一般多用于白色犬的被毛染色，比如贵宾犬、京巴犬等。市售的染色膏有普通染剂、喷剂以及一次性染剂，有的产品还配有相应的犬用趾甲油。利用不同的商品染色剂，可以调配出多种色彩（图 6-6 至图 6-8）。

图 6-6 染色膏

图 6-7 快染彩盒

2. 宠物染色隔离膏（防染花膏）

防止染色的防护膏可以对宠物不需要染色的部位进行保护。在宠物不需要染色的皮肤上涂防护膏，防止染在不用染色的部位上。

3. 染色碗、染色刷

将染色膏挤在染色碗中搅拌均匀，调出所需的颜色后，用染色刷将调好的颜色均匀染到毛上（图 6-9）。

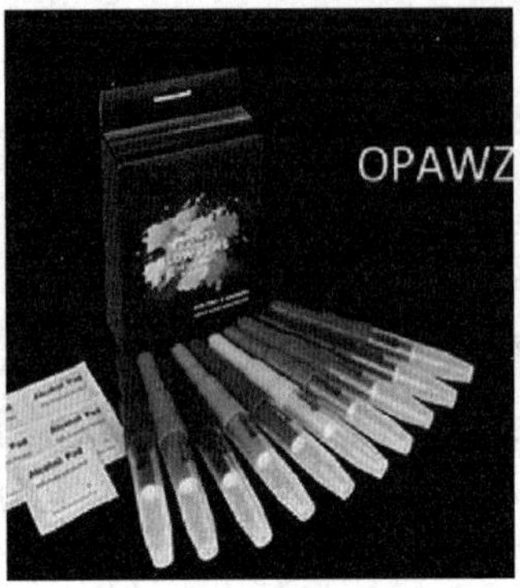

图 6-8　喷染棒

图 6-9　染色碗

【工作任务】

【任务目标与质量要求】

◇ 能够在给犬完成造型修剪后，根据犬的体型特征、主人的需求给犬染色或者增加配饰，使其造型更加好看。

【学习产出目标】

◇ 在师傅指导下，在日常工作中完成操作练习。

【考核评价】

【工作任务实施记录与评价】

染色前	染色后

续表

师傅评价	
作品总体评价	优 良 中 差

学徒关键职业能力及职业品质、工匠精神评价

项目	A	B	C	D
工作态度				
吃苦耐劳				
团队协作				
沟通交流				
学习钻研				
认真负责				
诚实守信				

学徒任务2 包毛

【专业知识准备】

1. 马尔济斯

扎两个发髻（左右各一），以鼻头为中心将两后眼角至头盖骨的毛平均分为两份，包上包毛纸，扎上蝴蝶结（图 6-10）。

图 6-10　马尔济斯犬

2. 西施、约克夏

扎一个发髻，由眼角到头盖骨，或前后各扎一个，或互相依附扎成一个，突显出头冠的完美。用两根皮筋分别扎，一根扎在毛发根部，另一根扎在其上部，中间扎一个蝴蝶结（图 6-11 至图 6-12）。

图 6-11　西施犬

图 6-12　约克夏犬

3. 贵宾犬的欧洲大陆型

扎 3～8 个以上发髻，从左内眼角到右内眼角扎第 1 个发髻，从外眼角到耳际扎 1～2 个发髻，头盖骨扎 1 个发髻，沿颈部到背部扎第 2～3 个发髻，最后将前 3 个发髻互相依附扎在一起（图 6-13）。

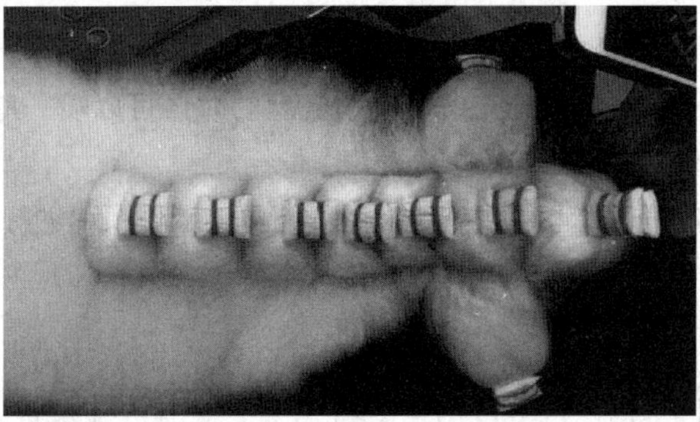

图 6-13　贵宾犬的欧洲大陆型

准备工作：

分界梳、直排梳、针梳、包毛纸、防静电液、皮筋、小枕头、发夹、剪皮筋剪、贵宾犬（图 6-14）。

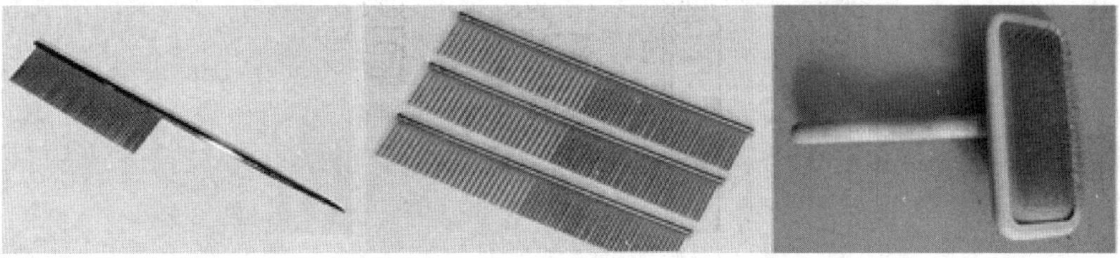

分界梳　　直排梳　　针梳

图 6-14　工具

包毛纸　　防静电液　　皮筋

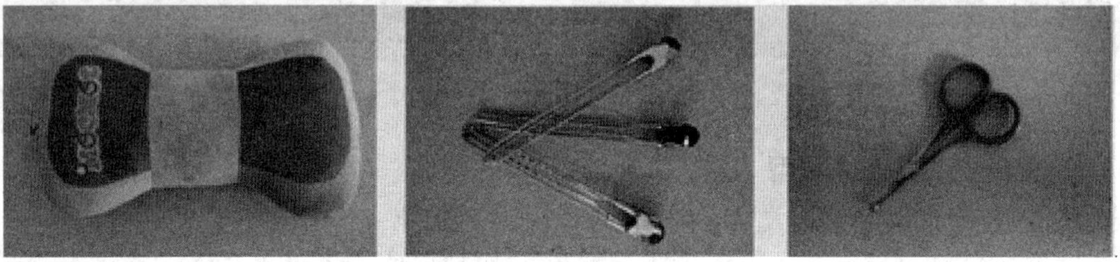

小枕头　　发夹　　剪皮筋剪

图 6-14　工具（续）

操作方法

1. 包毛之前要将长毛用针梳梳理通顺，梳理的时候可以喷一些护理液，然后再用贵宾梳梳理，确保通顺以后就可以包毛了。

2. 开始包毛的时候先让犬枕在小枕上，方便包毛工作顺利进行。

3. 根据毛量和毛的长度确定大概需要包几个毛包（图 6-15）。

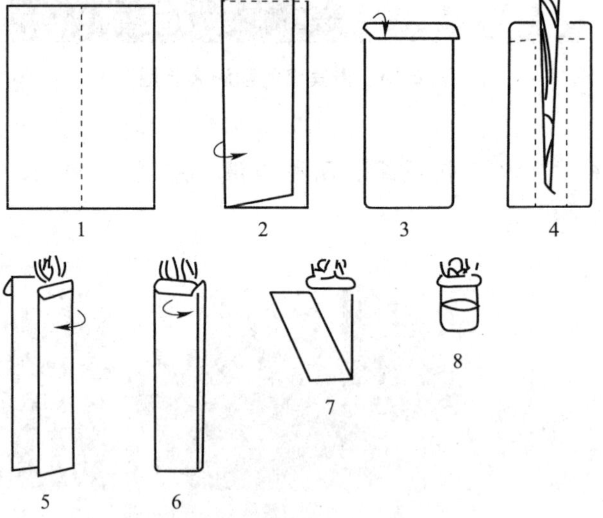

图 6-15　包毛折纸法

操作步骤

◇ 贵宾犬包毛

1. 眼角到耳根 1/2 处，从中间分成 2 份，用皮筋扎好，用手轻轻地扯扎好的毛，调整皮筋的松紧度。

2. 用包毛纸卷紧毛后，先对折一下，再折成 3 份。用皮筋扎紧，皮筋扎的位置越靠下越好（图 6-16）。

3. 沿着耳郭将耳朵分出来，将耳朵边上的小碎毛用小皮筋扎起来，包毛纸缠紧以后对折再对折，用两根皮筋扎紧，确保牢固。扎好以后，用美容师梳插进后面看看是否扎到肉上。

4. 两个耳朵扎好以后，拉到前面看一下是否对称。

5. 枕骨前分一个包，枕骨后到耳根后的一条连接线分一个包，防止枕骨上的毛被拽断。

6. 从两个耳根后笔直地往后分两条平行线，肩胛骨前平均分为两个包。

7. 用同样的方法将犬背部和颈部左右两侧的毛分成相同的份数（每边分 3～5 份），从后向前分别包好，两侧毛包要对称且大小相近，以不妨碍犬的活动为宜。

8. 包毛后将扎好的毛包整理得工整些，左右轻拉一下，避免里面的毛打结。

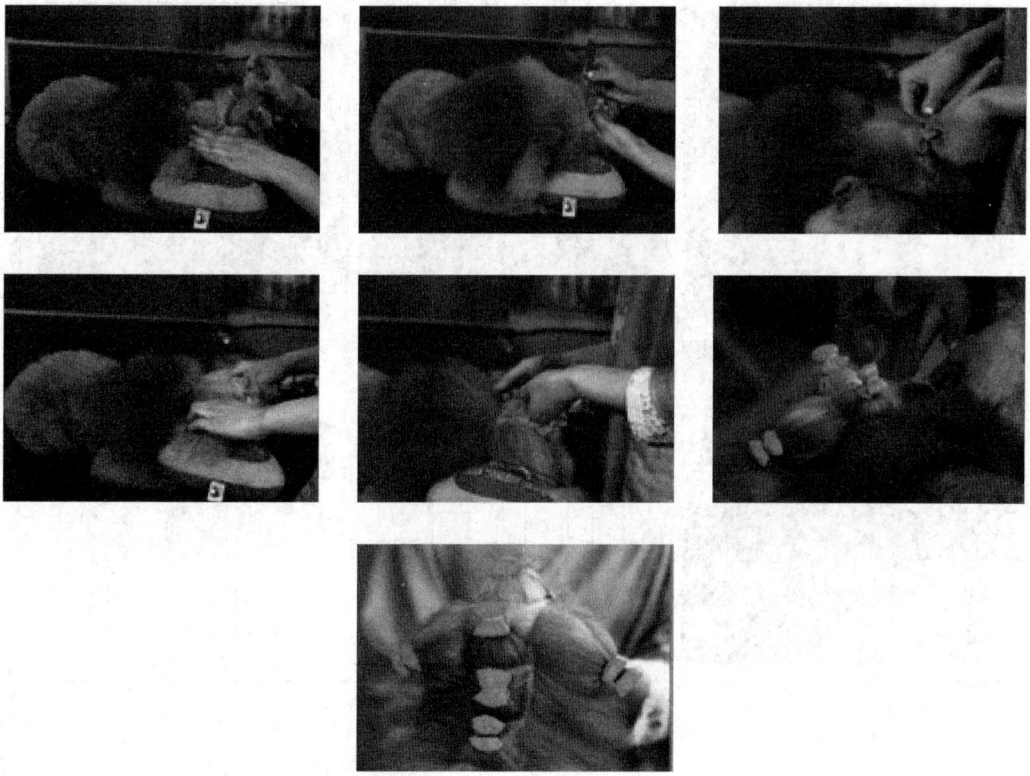

图 6-16　贵宾犬包毛示范操作

◇ 约克夏包毛（图 6-17）

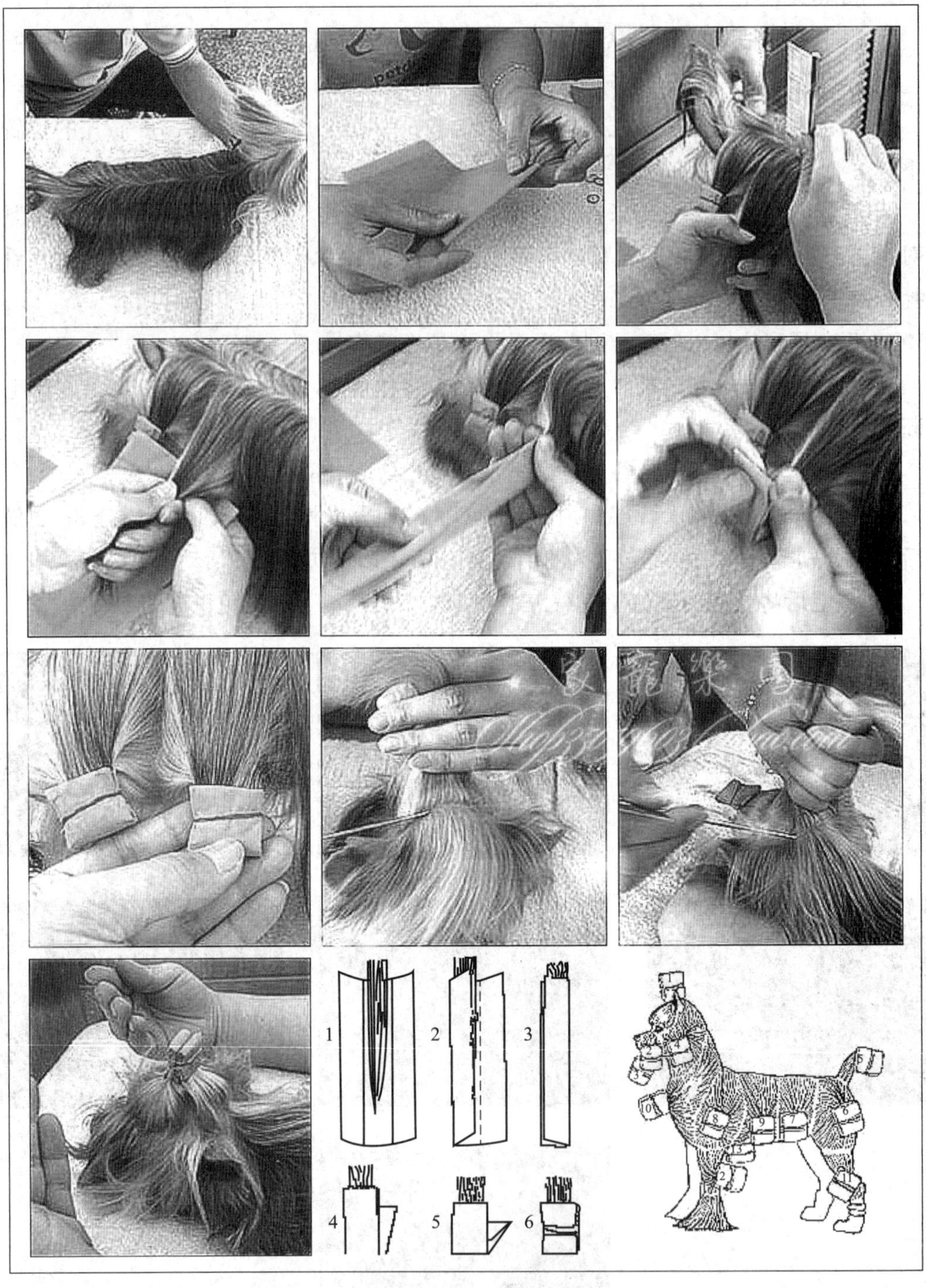

图 6-17　约克夏包毛操作步骤

【工作任务】

【任务目标与质量要求】

◇ 能够给需要进行包毛的犬只进行包毛。

【学习产出目标】

◇ 在师傅指导下，练习贵宾犬、西施犬、约克夏犬、马尔济斯犬的包毛。

【考核评价】

【工作任务实施记录与评价】

作品	
师傅评价	
作品总体评价	优 良 中 差

学徒关键职业能力及职业品质、工匠精神评价

项目	A	B	C	D
工作态度				
吃苦耐劳				
团队协作				
沟通交流				
学习钻研				
认真负责				
诚实守信				

学徒任务3
宠物SPA

【专业知识准备】

一、SPA是什么

SPA是一种全新的健康美容概念，是一种新式的休闲美容方式，即在特定的环境中，美容院为顾客营造出一种令人心旷神怡的美妙感觉，使前来美容的人身心舒展、自然。

SPA一词源于拉丁文solus—健康，par—精油，aqua—水，意思为平衡健康之水，也称为“水疗法”。就是以水为媒介，利用动物与水的接触，使水中含有一些对动物健康有益的成分，通过亲和渗透作用进入身体，利用温度及气泡按摩，达到水疗美容、保健的效果。

二、宠物SPA的好处

（1）宁神。利用水的浮力与适体温度，使犬体验回归母犬怀抱的感觉，稳定犬的情绪。

（2）运动。利用气泡按摩作用，达到运动及减肥的功效，提升宠物器官功能，促进宠物健康成长。

（3）清洁。通过气泡的微爆破效应，彻底去除皮屑、油脂、死毛，使皮肤光洁，毛发蓬松。

（4）滋养。精油、草本、海底泥等物质能深层滋养犬的皮肤及毛发，使受损的毛发恢复弹性及光亮，皮肤柔顺。

（5）驱虫。利用海泥中的矿物质和硫化物达到驱虫杀菌的功效，使宠物远离寄生虫的侵扰。

（6）除臭。SPA 机产生的臭氧离子，具有独特的杀菌除臭功效，同时还可避免交叉感染（图 6-18）。

图 6-18　宠物 SPA 机

三、宠物 SPA 产品

1. 抚养泥

将海泥成分和海藻成分以及世界各地产出的深海泥成分进行混合，是为了保持宠物皮肤和被毛健康而开发的分支产品。通过对宠物皮肤和毛发的按摩，给以海洋疗法的效果，赋予宠物的毛发和皮肤润泽光滑的触感。

2. 浴盐

不同香气的浴盐可以对宠物产生不同的作用，如：

玫瑰香：缓解情绪、消除疲劳。

春黄菊香：催眠安定，缓解疲劳。

熏衣草香：缓解肌肉疼痛。

欧薄荷和迷迭香：振作情绪，抑制食欲。

椰子和香草香：滋润皮肤，增加食欲。

麝香精香：生殖系统。

3. 精油

精油来源于大自然特定种类植物的特定部位，如花、叶、茎、皮、根、木心、果实、树脂等，经过一些物理处理而得到高挥发性、高渗透性、有特异香味、轻质油状的浓缩液体，是植物的生命荷尔蒙，能够给人们美丽、健康和能量，这也是我们选择给宠物做SPA的时候用到精油的一个原因。

4. 足底保湿胶

针对宠物足底的肉球生疖子或在干燥的冬季，肉球的角质容易硬化时使用的保湿胶。

四、宠物常见SPA方法

1. 扶养泥

（1）取适量扶养泥倒入碗内，用刷子将扶养泥均匀涂抹在每层毛发上。

（2）扶养泥也可以涂抹在脚垫或皮肤上。

（3）全身均匀涂抹后，用保鲜膜将其进行包裹。

（4）用吹风机加热15 min。

（5）用清水将宠物毛发上的扶养泥彻底冲洗干净。

2. 盐浴

（1）盐浴SPA：将准备好的浴盐倒入SPA机内。

（2）盐浴的同时可轻轻揉搓宠物的背部，使其完全放松。

3. 精油

（1）调配芳香精油按摩胶。

（2）将调配后成胶状的按摩胶均匀地涂抹于宠物全身毛发上。

（3）在给宠物用精油按摩胶的同时可配合独特的宠物经络按摩手法，使其中含有的精油充分渗入毛发深层及皮肤。

（4）最后用清水将其彻底冲洗干净，吹干毛发完成SPA。

【工作任务】

【任务目标与质量要求】

◇ 能够在给犬完成造型修剪后，根据犬的体型特征、主人的需求给犬染色或者增加配饰，使其造型更加好看。

【学习产出目标】

◇ 在师傅指导下，在日常工作中完成操作练习。

【考核评价】

【工作任务实施记录与评价】

作品	
师傅评价	
作品总体评价	优　良　中　差

学徒关键职业能力及职业品质、工匠精神评价

项目	A	B	C	D
工作态度				
吃苦耐劳				
团队协作				
沟通交流				
学习钻研				
认真负责				
诚实守信				

附录1 学徒岗位标准

宠物美容技术学徒岗位标准

试点专业名称	宠物养护与驯导专业
学徒岗位名称	宠物美容师岗位
岗位工作描述	本岗位是宠物养护与驯导专业学生就业的主要岗位。通过学徒制培养模式，使学生必须了解犬的生物学特点和常见品种、宠物美容的基础知识、重点犬种的美容技术、宠物美容的辅助措施、宠物美容店的经营与管理等知识与技能，最终能够独立开展相关宠物美容的工作，解决生产实际问题。本课程技术直接面向宠物保健专业岗位群，与宠物美容岗位工作任务相对应。
工作场所与使用工具	工作场所：宠物医院、宠物美容院、宠物会所。 使用工具：剪刀（直剪、弯剪、牙剪）、梳子（排梳、针梳、虱梳、美容梳、分界梳）、趾甲剪、趾甲矬、浴液、吸水毛巾、吹风机、吹水机等。
职业安全与规章制度	1. 学生作为新员工入职前，需经过岗前培训与岗位培训，经考核培训合格后方可上岗。在工作过程中要采用正确的方法进行保定，防止被犬咬伤、被猫抓伤。 2. 所有工作人员对顾客要礼貌热情接待，不准粗言乱语，不准与顾客争吵，不得虐待宠物，对宠物要体贴，要有爱心、耐心、责任心。 3. 按时清洁环境卫生，备齐必需的美容用品、用具，并整理、清洁货架上的陈列商品；每日早晚消毒一次，每只宠物离开后，要及时清扫，人员要勤洗手、勤消毒，保证个人卫生和环境卫生。

续表

职业道德与素质要求	1. 能适应宠物医院、宠物美容院、宠物店的管理机制，理顺工作程序，掌握工作流程，和其他工作人员相处融洽。 2. 具有诚实、守信、善于沟通和合作的品质。 3. 具有积极向上，努力好学的个人品质。 4. 注重动物福利，树立动物保护意识，对宠物要有爱心。 5. 具有“四心”，即爱心、耐心、自信心和责任心。			
行业企业职业行为规范	1. 服从上级主管的工作安排，能适应宠物保健企业组织管理环境。 2. 较强的语言表达与客户沟通能力，有良好的服务意识。 3. 了解宠物的身体结构、生活习性及性格特点。 4. 能独立完成常见犬种的洗澡及美容造型，可根据不同犬只特点设计并完成造型。 5. 能独立向顾客介绍宠物美容及其他产品。 6. 能吃苦耐劳，认真好学，态度积极，喜欢宠物。			
对应职业资格	C级宠物美容师			
岗位工作任务（或项目）	工作过程与技术、质量要求	专业知识要求	技术技能要求	综合职业能力要求
1. 犬的基础护理	工作过程： 护理的基本内容 1. 清除耳中污垢，拔除耳内毛。 2. 修剪趾甲及磨平。 3. 梳毛及刷毛工作。 4. 点眼药水。 5. 牙齿的护理。 6. 挤肛门腺。 7. 洗澡。 8. 吹干。 9. 拉毛。 质量要求：做到动作麻利、耗时短、按要求完成，不给宠物造成伤害。	1. 会刷理、梳理宠物犬的皮毛。 2. 会清理宠物犬的耳、眼。 3. 会修理宠物犬的趾甲。 4. 会检查、清理宠物犬的肛门腺。 5. 能熟练地为宠物犬洗澡。 6. 能熟练地为宠物犬吹干、拉毛。	1. 能够独立完成洗澡、吹干、挤肛门腺、清洁眼睛、耳道、剪脚趾甲等常用养护技术。 2. 能够独立完成洗澡、吹干、拉毛工作。掌握工作流程。	1. 能适应宠物保健企业组织管理环境。 2. 理顺工作机制，掌握工作流程。 3. 具有诚实、守信、善于沟通和合作的品质。

续表

岗位工作 任务（或项目）	工作过程与 技术、质量要求	专业知识要求	技术技能要求	综合职业 能力要求
2. 犬的美容	工作过程： 1. 贵宾犬的常见造型修剪。 2. 比熊犬的常见造型修剪。 3. 博美犬的常见造型修剪。 5. 雪纳瑞犬的常见造型修剪。 质量要求：能够根据宠物主人的要求，根据不同犬只特点设计并完成造型。	1. 了解常见犬种的特性及习性。 2. 熟悉常见犬种的造型修剪方法。	1. 掌握贵宾犬的常见造型修剪。 2. 掌握比熊犬的常见造型修剪。 3. 掌握博美犬的常见造型修剪。 4. 掌握北京犬的常见造型修剪。 5. 掌握雪纳瑞犬的常见造型修剪。 6. 掌握犬染色。 7. 掌握羊毛毡制作。	1. 能适应宠物保健企业组织管理环境。 2. 理顺工作机制，掌握工作流程。 3. 具有诚实、守信、善于沟通和合作的品质。
3. 宠物美容辅助措施	工作过程： 1. 洗澡、吹干、拉毛。 2. 染色。 质量要求：能够根据宠物主人的要求，根据不同犬只特点设计并完成染色。	1. 了解常见犬种的特性及习性。 2. 熟悉常见犬种的造型修剪方法。	能够根据犬的特征、主人的要求完成染色工作。	1. 能适应宠物保健企业组织管理环境。 2. 理顺工作机制，掌握工作流程。 3. 具有诚实、守信、善于沟通和合作的品质。
职业品质与 工匠精神案例	（一）职业精神与品质 1. 能适应宠物医院、宠物美容院、宠物店的管理机制，理顺工作机制，掌握工作流程；和其他工作人员相处融洽。 2. 具有诚实、守信、善于沟通和合作的品质。 3. 具有积极向上，努力好学的个人品质。 4. 注重动物福利，树立动物保护意识，对宠物要有爱心。 5. 具有“四心”：爱心、耐心、自信心和责任心。			

续表

职业品质与工匠精神案例	（二）工匠精神案例 1. 独当一面、精益求精。 2. 根据不同的需求进行新的创造。 3. 需要适度地职业化、商业化。 4. 做到专业与专心。 5. 对自己的手艺，要有超乎寻常甚至近乎神经质般的追求。
职业生涯发展规划	1. 第一学年，主要进行思想政治课、文化基础课、体能训练课和部分专业基础课的集中在校学习，培养学生基本素质，掌握基本知识。 2. 第二学年第二学期，学生以学徒身份到学院动物门诊、宠物美容所、宠物饲养场、宠物训导场开展宠物医疗、美容、饲养、训导等岗位综合技能实训。在美容岗位学习时间为六周，学生以准员工的身份开展学习与工作，同时考取相关职业资格证书。 3. 第五学期，学生返回学校开展能力拓展知识学习。第六学期，学生在比较全面地掌握宠物养护与训导专业职业岗位技能，并习得工作经验的基础上，选择宠物医疗、保健美容、兽医化验、宠物饲养、宠物训导等岗位之一参加顶岗实习。 4. 毕业后，学生已经能够胜任宠物美容师的岗位需求，可以根据自己的能力水平，自己创业开店或者在其他宠物店就业继续提高水平。

附录2 课程标准

宠物美容学徒岗位课程标准

<table>
<tr><td>试点专业名称</td><td colspan="3">宠物养护与驯导专业</td></tr>
<tr><td>学徒岗位课程名称</td><td colspan="3">宠物美容</td></tr>
<tr><td>学徒岗位课程
工作描述</td><td>本课程是宠物养护与驯导专业学徒制宠物美容生产方向的教材，该课程所对应的工作岗位就是宠物美容岗位，需要学生在企业完成本课程内容的学习，就需要一部能够使用于企业，又方便携带、使用的一种学习资源。通过联合行业专家，教材改革，使本教材既有纸质版教材，同时完成电子版，学生可以直接通过手机客户端直接进行学习，老师通过后台可以布置作业，完成考核。每一个知识点采用文字结合图片、视频、动画，素材丰富，全面细致地涵盖每个知识点、技能点，并且分出重点、难点，可介绍多种自学方法供学生使用。</td><td>学徒工作
学习周数</td><td>6 周</td></tr>
<tr><td>课程教学目标与
学习产出</td><td colspan="3">职业素质目标：(可量化考核)
1. 能适应宠物医院、宠物美容院、宠物店的管理机制，理顺工作程序，掌握工作流程；和其他工作人员相处融洽。
2. 具有诚实、守信、善于沟通和合作的品质。
3. 具有积极向上，努力好学的个人品质。
4. 注重动物福利，树立动物保护意识，对宠物要有爱心。
5. 具有“四心”：爱心、耐心、自信心和责任心。
专业知识目标：(可量化考核)
1. 了解宠物的生物学特性和常见品种的习性。</td></tr>
</table>

续表

课程教学目标与学习产出	2. 熟知宠物美容的基础知识。 3. 熟知常用的宠物养护技术。 4. 熟知常用的宠物美容技术。 5. 了解宠物美容店的经营与管理策略。 **职业能力目标：（技术技能和岗位从业能力）** （一）技术技能 1. 能根据宠物的不同特点设计美容方案，并实施。 2. 能熟练操作宠物美容的用具和其他用品。 3. 能够熟练操作宠物的基础护理技术。 4. 掌握常见犬种的美容造型流程。 5. 掌握其他美容辅助措施的技术。 （二）岗位从业能力 1. 服从上级主管的工作安排；能适应宠物保健企业组织管理环境。 2. 具备较强的语言表达与客户沟通能力，有良好的服务意。 3. 能独立完成常见犬种的洗澡及美容造型，可根据不同犬只特点设计并完成造型。 4. 了解宠物的身体结构、生活习性及性格特点。 5. 能独立向顾客介绍宠物美容产品。 6. 能吃苦耐劳，认真好学，态度积极，喜欢宠物。
学徒岗位课程实施工作场所与使用工具	工作场所：宠物医院、宠物美容院、宠物会所。 使用工具：剪刀（直剪、弯剪、牙剪）、梳子（排梳、针梳、虱梳、美容梳、分界梳）、趾甲剪、趾甲锉、沐浴液、吸水毛巾、吹风机、吹水机等。
学徒岗位课程实施岗位职业安全与规章制度	1. 学生作为新员工入职前，需经过岗前培训与岗位培训，培训合格经考核后方可上岗。在工作过程中要采用正确的方法进行保定，防止被犬咬伤、被猫抓伤。 2. 所有工作人员对顾客要礼貌热情接待，不准粗言乱语，不准与顾客争吵，虐待宠物，对宠物体贴，要有爱心、耐心、责任心。 3. 按时清洁环境卫生，备齐必需的美容用品、用具，并整理、清洁货架上的陈列商品；每日早晚消毒一次，每只宠物离开后，要及时清扫，人员也要勤洗手、勤消毒，保证个人卫生和环境卫生。
行业企业工作学习职业行为规范	1. 服从上级主管的工作安排；能适应宠物保健企业组织管理环境。 2. 具备较强的语言表达与客户沟通能力，有良好的服务意识。 3. 能独立完成常见犬种的洗澡及美容造型，可根据不同犬只特点设计并完成造型。 4. 了解宠物的身体结构、生活习性及性格特点。

续表

<table>
<tr><td>行业企业工作学习
职业行为规范</td><td colspan="4">5. 能向顾客独立介绍宠物美容产品。
6. 能吃苦耐劳，认真好学，态度积极，喜欢宠物。</td></tr>
<tr><td>企业师傅、专业指导
教师配置与教学要求</td><td colspan="4">专业指导教师：
1. 具有C级或C级以上宠物美容师资格证。
2. 具备3年以上的宠物美容工作经验。
3. 具有1～2轮的宠物美容课程的教学经验。
企业师傅：
1. 具有B级或B级以上宠物美容师资格证。
2. 具备5年以上的宠物美容工作经验。
3. 作为师傅，指导3～5名徒弟，完成宠物美容岗位知识技能的学习。</td></tr>
<tr><td>可考取的职业资格证书、
行业或企业证书</td><td colspan="4">C级宠物美容师</td></tr>
<tr><td>岗位工作学习任务
（或项目）</td><td>工作学习内容</td><td>工作学习组织</td><td>学习产出
考核标准</td><td>工作学习
时间（周）</td></tr>
<tr><td>美容基础知识</td><td>工作过程：
1. 犬猫的发展。
2. 犬猫解剖知识。</td><td>1. 学生在企业，通过数字化教学资源建设数字化网络学习平台或手机App学习本项内容。
2. 学生通过日常工作进行学习、收集相关资料、记录。</td><td>1. 学生是否完成相关网络教学资源的学习。
2. 学生在操作过程中是否操作正确。
3. 学生是否完成网络平台的作业。
4. 考评成绩优秀，继续由企业师傅指导进行提高练习。
5. 考评成绩合格，由企业师傅指导进行基础练习。
考评成绩不合格，在企业师傅的监督下重新完成本项目内容的学习。</td><td>随机</td></tr>
</table>

续表

岗位工作学习任务（或项目）	工作学习内容	工作学习组织	学习产出考核标准	工作学习时间（周）
犬的基础护理	工作过程： 护理的基本内容 1. 清除耳中污垢，拔除耳内毛。 2. 修剪趾甲及磨平。 3. 梳毛及刷毛工作。 4. 点眼药水。 5. 牙齿的护理。 6. 挤肛门腺。 7. 洗澡。 8. 吹干。 9. 拉毛。 质量要求：做到动作麻利、耗时短、按要求完成，不给宠物造成伤害。	1. 学生在企业，通过数字化教学资源建设数字化网络学习平台或手机 App 学习本项内容。 2. 学生通过观摩企业师傅的操作方法学习。 3. 学生在操作练习时，企业师傅在旁进行指导和纠正。 4. 学生掌握本项技能后，需要通过学校指导教师及企业师傅共同进行评价。	1. 学生是否完成相关网络教学资源的学习。 2. 学生在操作过程中是否操作正确。 3. 学生是否完成网络平台的作业。考评成绩优秀，继续由企业师傅指导进行提高练习。 4. 考评成绩合格，由企业师傅指导进行基础练习。考评成绩不合格，在企业师傅的监督下重新完成本项目内容的学习。	1 周
犬的美容	工作过程： 1. 贵宾犬的常见造型修剪。 2. 比熊犬的常见造型修剪。 3. 博美犬的常见造型修剪。 4. 北京犬的常见造型修剪。 5. 雪纳瑞犬的常见造型修剪。	1. 学生在企业，通过数字化教学资源建设数字化网络学习平台或手机 App 学习本项内容。 2. 学生通过观摩企业师傅的操作方法学习。 3. 学生在操作练习时，企业师傅在旁进行指导和纠正。	1. 学生是否完成相关网络教学资源的学习。 2. 学生在操作过程中是否操作正确。 3. 学生是否完成网络平台的作业。 4. 考评成绩优秀，继续由企业师傅指导进行提高练习。	5 周

续表

岗位工作学习任务（或项目）	工作学习内容	工作学习组织	学习产出考核标准	工作学习时间（周）
犬的美容	质量要求：能够根据宠物主人的要求，根据不同犬只特点设计并完成造型。	4. 学生掌握本项技能后，需要通过学校指导教师及企业师傅共同进行评价。	考评成绩合格，由企业师傅指导进行基础练习。 考评成绩不合格，在企业师傅的监督下重新完成本项目内容的学习。	5周
宠物美容辅助措施	工作过程： 洗澡、吹干、拉毛、染色。 质量要求：能够根据宠物主人的要求，根据不同犬只特点设计并完成染色。	1. 学生在企业，通过数字化教学资源建设数字化网络学习平台或手机App学习本项内容。 2. 学生通过观摩企业师傅的操作方法学习。 3. 学生在操作练习时，企业师傅在旁进行指导和纠正。 4. 学生掌握本项技能后，需要通过学校指导教师及企业师傅共同进行评价。	1. 学生是否完成相关网络教学资源的学习。 2. 学生在操作过程中是否操作正确。 3. 学生是否完成网络平台的作业。 4. 考评成绩优秀，继续由企业师傅指导进行提高练习。 考评成绩合格，由企业师傅指导进行基础练习。 考评成绩不合格，在企业师傅的监督下重新完成本项目内容的学习。	随机

续表

职业品质与 工匠精神培养	1. 通过企业制度培养适应企业环境、服从组织管理、诚实、守信、善于沟通和合作的品质的职业精神。 2. 通过企业师傅培养独当一面、精益求精，不断创新的工匠精神。 3. 善待动物，注重动物福利，树立动物保护意识，对宠物要有爱心。 4. 培养宠物美容师所必须具有“四心”，即爱心、耐心、自信心和责任心。
工作学习资源	1. 网络教学资源（文字、视频、图片、微课程材料）。 2. 手机 App（文字、视频、图片、微课程材料）。 3. 纸质版教学资源（课本、补充讲义）。
学徒工作学习 组织管理计划	1. 学生在企业，通过数字化教学资源建设数字化网络学习平台或学习本项内容。 2. 学生通过观摩企业师傅的操作方法学习。 3. 学生在操作练习时，企业师傅在旁进行指导和纠正。 4. 学生掌握本项技能后，需要通过学校指导教师及企业师傅共同进行评价。
学徒考核评价方案	1. 学生在企业，通过数字化教学资源建设数字化网络学习平台或手机 App 学习本项内容。 2. 学生通过观摩企业师傅的操作方法学习。 3. 学生在操作练习时，企业师傅在旁进行手把手指导。 4. 学生掌握本项技能后，需要通过学校指导教师及企业师傅共同进行评价。
学徒岗位认证条件	考评成绩优秀（85～100 分），继续由企业师傅指导进行提高练习。 考评成绩合格（60～85 分），由企业师傅指导进行基础练习。 考评成绩不合格（60 分以下），在企业师傅的监督下重新完成本项目内容的学习。

附录3
师傅、徒弟选拔标准

1. 师傅资格

1.1 从业3年以上，至少2年以上的独立工作经验。

1.2 具有中级或中级以上宠物美容师资格证。

1.3 品行端正，工作认真、积极，业务技能熟练且无违规行为。

1.4 具备一定的宠物美容教学经验。

2. 师傅责任和义务

2.1 确定师徒关系后，根据学习内容定期对徒弟实施培训计划。

2.2 在工作过程中，对徒弟的工作技能实时地进行指导。

2.3 主动引导解答徒弟遇到的技术问题，帮助其提升技能。

2.4 培训期满后对徒弟进行考核。

3. 徒弟选拔标准

3.1 有短期的宠物方面的实习经历。

3.2 有解剖生理学、饲养学、营销学的学习经历。

3.3 有学习宠物美容的意向，并且愿意考取宠物美容相关资格证书。

4. 徒弟的责任和义务

4.1 服从师傅的工作分配和安排。

4.2 积极、主动完成学习期间不同阶段布置的各项工作。

4.3 主动学习和牢固掌握业务知识。

4.4 遵守公司的各项制度和规定。

附录4 行业标准

4-1：CKU宠物美容师资格检定考试规则

CKU宠物美容师资格检定考试规则

第一章　总则

第一条：本规则适用于CKU宠物美容师资格检定考试。

第二章　美容师

第二条：美容师必须为CKU会员，并且具备CKU规定的各项资格条件。

第三条：美容师必须履行本协会章程所规定的义务，并已完成年度会员费用的缴纳。

第四条：美容师的资格划分如下：

C级

B级

A级

第五条：美容师资格的取得需要通过CKU美容师资格检定考试。

第三章　考试

第六条：美容师资格检定考试（以下简称为考试）原则上在本部举行，也可视具体情况在全国各地区举办，并由各地区的授权学校协办。

第七条：美容师的考试资格如下：

2008年举办的首次美容师资格检定考试C级将面向所有的美容师开放，所有具备实践经验或参加过正规宠物美容培训，且具备CKU会员资格的美容师都可以报名参加考试。持有FCI承认的协会颁发的证书的人员，需向CKU申请证书换发，可换发CKU的相同等级的证书。其他非FCI承认协会的证书不予换发，持有此类证书的人员，须先报考CKU资格检定考试的C级，通过后可报考更高等级的考试。

C级

1. 年龄满16周岁，具有CKU会员资格者。

2. 在正规的宠物美容培训学校修完所定课程，具有CKU会员资格者。

B级

1. 参加CKU授权的宠物美容学校举办的培训，结业后参加CKU资格检定考试，取得CKU美容师资格检定考试C级证书一年以上者。

2. 持有FCI承认的其他协会颁发的美容师资格证书，将此证书换发CKU美容师C级资格证书。

3. 有一年以上的在正规美容培训学校或美容服务机构进行实务操作的经验。

A级

1. 参加CKU授权的宠物美容学校举办的培训，结业后参加CKU资格检定考试，取得CKU美容师资格检定考试B级证书三年以上者。

2. 持有FCI承认的其他协会颁发的美容师B级证书，以此证书换发CKU美容师B级格证书。

3. 有三年以上的在正规美容培训学校或美容服务机构进行实务操作的经验。

备注：

1. 凡在FCI承认的协会取得美容师C级资格者，须向CKU培训部提交证书原件，申请换发CKU C级证书，可以直接报名参加CKU举办的B级美容师资格检定考试。

2. 凡在FCI承认的协会取得美容师B级资格者，须向CKU培训部提交证书原件，申请换发CKU B级证书，可以直接报名参加CKU举办的A级美容师资格检定考试。

第四章　考试费用

第八条：考试报名费为240元/人。报名参加CKU首次美容师资格检定考试，可免费成为CKU基础会员（2008年下半年会员资格，逾期须重新交纳会费）

第九条：美容师资格证书费用如下：

C级：800元。

B级：1600元。

A级：2400元。

CKU证书换发费用：300元/张。

证书将在检定考试结束2个月以内颁发。证书有效期3年。

第五章　资格取消

第十条：美容师丧失CKU会员资格时，或资格等级证书逾期未换发时，其美容师等级资格将被取消。

备注：考试拟于地区举办时，将由各地区的CKU授权学校申请协办。协办申请书应于举办日4个月以前递交到CKU本部。

模特犬必须是出生10个月以上的美容犬种，并且考试日前两个月以内未做过任何美容。

贵宾（POODLE）

A级考试SHOWCLIP赛级妆（根据FCI的标准不可过度使用胶水，因此不可使用气压式胶水，只可以使用水状的喷胶）

B级考试PETCLIP宠物妆

C级考试（绵羊型剪法）PETCLIP宠物妆

剪毛犬种（贵宾除外）：

比熊（Bichon Frise）、贝灵顿（Bedlington Terriern）、苏格兰㹴（Aberdoen Terrier）、迷你雪纳瑞（Miniature Schnauzer）

猎犬：

美国可卡（American Cocker Spaniel）、英国可卡（English Cocker Spaniel）

4-2：NGKC中国宠物美容师精英大赛参赛及进阶规则

NGKC中国宠物美容师精英大赛参赛及进阶规则

一、面向群体

此项赛事是中国最顶尖宠物美容师的顶级赛事，凡拥有NGKC宠物美容师俱乐部A级证书或NGKC认可的国内外（港澳台地区）友好合作组织的A级证书人员均可报名参赛。

二、奖励办法

此项赛事遵照农业部颁发的国家标准，在中国畜牧业协会指导下，裁判员对选手进行综合评定，共评出1名冠军、1名亚军、1名季军及相应数量的优秀奖，在精英赛参赛人数少于8人的情况下，裁判有权利依据选手实力保留冠军、亚军、季军奖项。

三、模特犬资格及条件

1. 所有模特犬均要至少留背毛及身体左右侧毛4公分以上（雪纳瑞不低于3公分）可在赛前剃卫生和健康部位的毛（其中包含腹底、肛门周围及脚底），其余模特犬身体各部位不得在赛前做任何修剪，任何赛前修剪过度或留毛不足者，裁判有权做出扣分或取消比赛资格的处理决定；

2. 贵宾犬头顶橡皮筋不可以赛前绑好；

3. 模特犬必须是10个月龄以上或10岁以下的美容犬只；

4. 㹴犬需在比赛过程中方可做拔毛动作不得使用电剪，可卡犬的头、背部均不可使用电剪（吻部、尾巴后望、前胸骨端到下颚可使用电剪）；

5. 请将模特犬赛前洗澡，吹干，剪指甲、清耳朵；

6. 会员不得代替他人参赛，一经查证属实，参赛者、代考者将被取消美容师资格并被请出场外亦不予退费。

四、国际精英（M）级证书申请条件

自2017年9月1日起，NGKC正式与全球知名的美容组织“Barkleigh”展开全面合作，该组织现在欧洲的：比利时、英国、荷兰、意大利、西班牙、法国、德国，美洲的：美国、加拿大、阿根廷，玻多里哥，智利，巴西以及澳大利亚均有合作的协会，今后“Barkleigh”的亚洲事务将由NGKC全面负责开展，NGKC的精英“M”级是直接由“Barkleigh”颁发的国际证书，获得此证书不仅可以与“Barkleigh”各会员国的证书进行换发，亦可参加其举办的各项赛事并享受所有培训课程免费的礼遇；

1. 报名精英赛时需告知工作人员是否申请国际M级检定考核；

2. 裁判认可M级通过，即可申请由Barkleigh颁发国际M级证书，证书费用，现场申请2 800元，赛后申请3 000元，如在NGKC的A级考核通过后同时申领Barkleigh的A级证书（拥有此A级国际证书，不仅可以参加亚洲区域内交流与赛事、培训）后，就可以在申领国际M级证书时获得减免500元的优惠政策，缴费后，证书由NGKC统一向Barkleigh申请颁发；

3. 拥有国际“M”级证书的精英选手，如果赴美参加各项Barkleigh举办的赛事，期间的所有培训讲座均可免费（价值299美元），但需通过NGKC统一报名；

4. 已申请国际“M”级证书的选手，可在Barkleigh官网进行证书及个人简历查询。

五、教师级积分规则及申请条件

每次参赛即可获得50精英积分，获奖选手还可根据参赛选手数量获得奖项加分；

申请条件：

1. 精英赛积分累计达到300积分，且拥有国际的“M”级证书；

2. 获得一种被毛至少一次第三名以上成绩，另一种被毛三个优秀奖（或一个第三名以上）成绩；

3. 在检定赛中通过A级考核并领取证书后，可以参加教师级的培训，学期1年2次培训，期间达到教师级积分及获得教师级所需精英赛奖项要求的选手，而且完成了A、B、C级讲义培训课程的学习与实践、考核通过者，即可直接申请国家级教师证书；

4. 申请教师级费用：证书费用 3 800 元，A＼B＼C＼级教师讲义培训费 6 000 元（包括讲义现场培训、实践考试及讲义教程文本等费用）。

六、精英赛年度积分赴国外参赛者条件

1. 拥有“Barkleigh”颁发的 M 级国际精英证书，精英赛年度积分达到 300 分、获得至少两次（含）第三名以上成绩、精英赛年度积分前六名者，均可获得 NGKC 派出参加国际大赛；

2. 需在年度积分截止后 7 天内，提交出国参赛申请表，签字确认相关文件并遵守有关规章制度，经中国畜牧业协会审核批准，方可由协会安排派送到国外参赛，报名费、往返机票及模特犬租赁费用由 NGKC 承担；

3. 年度积分中有三场获得精英赛冠军（同一种被毛），积分超过 450 分，则无须再参加精英赛年度积分，可直接申请出国参赛资格，提交出国参赛申请表。同时可继续参加 NGKC 精英赛国家级教师资格积分累计，但今后不再被允许参加同一种被毛犬组的精英赛事；

4. 精英赛年度积分，从每年 7 月 1 日起开始累计至下个年度 6 月 30 日止清零。出国参赛名单公布后一周内提交出国参赛申请表，30 日之内办理好护照及相关资料，以便于协会进行模特犬的确认与租借；

5. 凡拥有国际 M 级证书也可由 NGKC 协助，以个人为形式参加 Barkleigh 举办的国际赛事，费用由自己承担。

七、裁判员申请条件

1. 必须拥有 NGKC 的教师级证书；在裁判学习的 2 年期间（1 年学习、另 1 年实习）继续在精英赛中获得裁判员所需共四个组别的资质认证（包括其在获得教师级称号时已经考核通过的两个组别），学习成绩优异、品德优秀、各项考核通过后可颁发“国家级宠物美容全犬组裁判员证书”；

2. 在其所参加的精英赛中接受过不低于 7 名不同裁判的审查执裁，并且带出 5 个 NGKC 认定通过的 A 级学生；

3. 在为期 2 年的学习、实习期间通过成为裁判员所需的 10 项培训课程、实习和考核；

4. 国家级裁判员培训、实习、实践、证书等费用为 60 000 元；

5. 从开始学习裁判至获得成为国家级裁判称号期间，需培养出两名教师级学员，成为国家级裁判员后，再经过 1 年的国内赛事审查实践，接受 Barkleigh 举办的国际赛场邀请执裁认定合格通过，即可获得由 Barkleigh 颁发的“国际宠物美容裁判员证书；国际级证书申请为 18 000 元，随即 NGKC 开始安排其国际间的审查行程。

八、申请 Barkleigh 国际会员学校条件

1. 已成为 NGKC 授权指定学校四星级二年以上；

2. 已申请国际 M 级证书；

3. 已付国外参加过 Barkleigh 举办的国际赛事；

4. 需提交学校相关资料（宠物店或者是宠物美容学校营业执照、有相应固定的教学场所，教学面积不低于 80 平方米、最少拥有 2 个 NGKCA 级教师、每期招生人数不低于 10 人或结业证书年申请量不低于 80 张）由 NGKC 统一收集整理上交 Barkleigh 审核；

5. 申请 Barkleigh 会员学校可赴国外参加 Barkleigh 举办的参访及学习；

6. 申请通过 Barkleigh 会员学校可在官网查询并得到宣传。

4-3：NGKC 中国宠物美容师资格鉴定大赛参赛规则

一、参赛资格

1. 从未参加过中国宠物美容师俱乐部检定大赛考核的人员，可以从 C 级开始逐级考核。

2. 已拥有 NGKC 或 NGKC 认可的国内外（含国际协会和港澳台地区）协会 C 级等级证书的人员，可申请参加 NGKC　B 级考核。

3. 已拥有 NGKC 或 NGKC 认可的国内外（含国际协会和港澳台地区）协会 B 级等级证书的人员，可申请参加 NGKC　A 级考核。

4. 已拥有 NGKC A 级证书的人员或 NGKC 认可的国内外（含国际协会和港澳台地区）协会 A 级等级证书的人员，可参加 NGKC 精英大赛，申请“国家级宠物美容教师资格证书”。

5. 在 NGKC 中国宠物美容师俱乐部指定授权学校中学习的学员，申请结业证后可参加与之相对应的等级考试。专业 B、C 级结业证书（证书颜色为粉紫色），可参加 B、C 级资格赛考核。萌宠创意 B、C 级结业证书（证书颜色为绿色），可参加 B、C 级创意赛考核。实际使用级别，以结业证申请级别为准。A 级结业证书只作为 A 级结业证明使用，不可直接参加 A 级检定考核。

6. 严禁有高级别证书者，参加低级别赛事。一经发现或被投诉，协会核实无误者，取消本场次成绩并处以 5 年禁赛。

二、检定考试办法

1. A、B、C 各级分别进行检定比赛，依参赛人数多少安排参赛时间和顺序。

2. 检定比赛时间为120分钟，标准贵宾的参赛时间为150分钟，其他犬种停剪后，标准贵宾可延长30分钟修剪时间，最后30分钟每10分钟报告一次时间赛事开始60分钟后，将有10分钟的中场休息时间，仅供参赛犬只原地休整，选手不可随意离场，不可交流，不可使用手机，不允许使用任何工具，若发现审查员有权做扣分处理。

3. 各等级均分为四个组：贵宾组；剪毛组；拔毛组；猎犬组

贵宾组：玩具贵宾犬、迷你贵宾犬、标准贵宾犬

剪毛组：比熊犬、贝林顿㹴、凯利蓝㹴，西施犬，北京犬，博美犬，马尔济斯犬，约克夏犬

拔毛组：迷你雪纳瑞、标准型雪纳瑞、巨型雪纳瑞、西高地白㹴，苏格兰㹴

猎犬组：英国可卡犬、美国可卡犬、英格兰史宾格猎犬、威尔士史宾格猎犬

4. 参加A级资格检定这必须采用赛场造型剪法；B级，C级标准组贵宾犬皆以标准拉姆型（运动型）剪法（贵宾须剃脸剃脚）；㹴犬类、可卡犬和比熊犬，皆以赛场造型剪法。

5. 奖项

等级	分组	奖项
A级	贵宾组	第一名1名，第二名1名，第三名1名
	剪毛组	第一名1名，第二名1名，第三名1名
	拔毛组	第一名1名，第二名1名，第三名1名
	猎犬组	第一名1名，第二名1名，第三名1名
B级	贵宾组	第一名1名，第二名1名，第三名1名
	剪毛组	第一名1名，第二名1名，第三名1名
	拔毛组	第一名1名，第二名1名，第三名1名
	猎犬组	第一名1名，第二名1名，第三名1名
C级	贵宾组	第一名1名，第二名1名，第三名1名
	剪毛组	第一名1名，第二名1名，第三名1名
	拔毛组	第一名1名，第二名1名，第三名1名
	猎犬组	第一名1名，第二名1名，第三名1名

在以上名次中评选出：

贵宾组全场第一：1名

剪毛组全场第一：1名

拔毛组全场第一：1名

猎犬组全场第一：1名

在以上名次中评选出：全场总冠军

依据具体情况，评选若干特别优秀奖

注：如果某个犬组中只有一只参赛犬只，依完成水平，通过后可能不能获得名次。

（最终定夺权归裁判所有）

6. C级通过率为80％，B级通过率为70％，A级通过率为40％～50％（最终评定结果由裁判员决定）。

7. 参赛者参加同一级别赛事两次以上，通过或获奖后均不申请证书者，一经发现或被投诉，协会核实无误者，本场次奖花奖项将作废处理、成绩取消，且严禁再次参加此级别考试，一经发现或被投诉，协会核实无误者，取消考试资格且报名费不退。

三、模特犬资格与条件

1. 所有模特犬可在赛前剃卫生和健康部位的毛（其中包含腹底、肛门周围及脚底），其余部分不得在赛前修剪，赛前预剪及毛未充分拉直将给予扣分处理；

2. A 、B、C级模特犬必须是出生10个月以上或10岁以下的美容犬只；

3. 㹴犬在比赛过程中方可做拔毛动作，不得使用电剪，可卡犬的头、背部均不可使用电剪（吻部、尾巴后望、前胸骨端到下颚可使用电剪），A级雪纳瑞被毛长度不得低于3公分；

4. 关于各级检定美容犬只毛的长度规定：A，B级须距离美容检定两个月以上不做任何修剪，背部及左右需4公分以上；A级贵宾犬头顶橡皮筋不可以赛前绑好，C级须离美容检定一个月以上不做任何修剪，背部及左右两侧毛需4公分以上；

【检定前犬只开型修剪过度或毛发长度不足者，将做扣分处置。严重者可能直接面临取消参赛资格。（最终定夺权归裁判所有）】

5. 请将参赛犬洗完澡，吹干，做完基本动作（剪指甲清耳朵）；

6. B级、C级考试中胶水、吹风、粉一律不可使用（但考试A级及以上级别之比赛型剪法不在此限，气胶，水胶均可使用）；

7. 比赛中各级别均可使用直剪、弯剪以及鱼骨剪，审查员会根据使用工具的难易程度进行评分；

8. 本会会员不得代替他人参赛。一经查证属实，参赛者、代考者将被取消美容师资格并被请出场外亦不得要求退费。

四、证书申请

等级	A级	B级	C级
申请价格	2200元	1600元	1000元

注意：

1. 自2016年起，赛后拍摄赏励照必须以本人现场申请的证书作为凭证；

2. 拍摄前出示证书，经工作人员核查后方可进入赏励照拍摄区域内拍摄。

3. 通过A级考核的选手可申请NGKC A级资格检定证书的会员同时可申请Barkleigh国际级A级证书，证书费用1 000元，申请者在缴纳证书费用后，由NGKC统一向Barkleigh总部申请。获得BarkleighA级证书的会员，可以通过NGKC报名参加Barkleigh所有亚洲会员国家的宠物美容赛事，并可换发当地宠物美容师协会的同等级证书。

4. 所有考核通过的选手，须在自赛事举办之日起1个月内向中国宠物美容师俱乐部申请检定证书，过期成绩将被取消。

五、注意事项

1. 请报名时预定入住酒店的选手在酒店领取号码牌并签到，未入住酒店的选手于比赛日到赛场领取号码牌。

2. 请参赛者严格按照比赛时间到达比赛场地做好准备工作。

3. 请各自保管模特犬。

4. 检定所使用之用具请各自携带（请自备充电式电剪，考试现场除备赛区外不备电线插座）。

5. 由于比赛赛环内不设电源设施，请参赛选手在备赛区完成所有吹毛动作。

6. 如检定时间开始后就不得入场，以免影响他人之作业。参加者如未入场组委会视为自动弃权论，报名费不予退还。

7. 考试时间依人数多寡分配，若有变动由大会另行通知考生。

8. 请考生们将号码牌佩戴在正前方，工作人员会在检定前全面摄影。

9. 为了比赛公平性，请勿穿着带有学校标识的服装或者围裙。

10. 考试时间内，全程不允许使用手机，不允许佩戴线式或蓝牙耳机。一经发现按作弊处理，严重者取消此次成绩。

六、投诉与建议

如您对本场赛事有任何疑问、建议或者投诉，可拨打电话：0××××××××/进行实名投诉或者建议。投诉者请提供相关视频和音频等证据，以便协会核实。

本规则最终解释权归中国宠物美容师俱乐部。

4-4：NGKC中国宠物美容师创意美容大赛参赛规则

一、参赛资格

新增：创意赛A级混合犬组、创意赛B级整体造型组、创意赛C级非纯种犬组。

1. 从未参加过中国宠物美容师俱乐部检定大赛考核的人员，可以从C级开始逐级考核；

2. 已拥有NGKC或NGKC认可的国内外（含国际协会和港澳台地区）协会C级资格证书或C级创意证书的人员，可申请参加NGKC资格赛B级或创意赛B级考核。

3. 已拥有NGKC或NGKC认可的国内外（含国际协会和港澳台地区）协会B级资格证书的人员，可申请参加NGKC资格赛A级考核；已拥有NGKC或NGKC认可的国内外（含国际协会和港澳台地区）协会B级创意证书的人员，可申请参加NGKC创意赛A级考核。

4. 在NGKC中国宠物美容师俱乐部指定授权学校中学习的学员，申请结业证后可参加与之相对应的等级考试。专业B、C级结业证书（证书颜色为粉紫色），可参加B、C级资格赛考核。萌宠创意B、C级结业证书（证书颜色为绿色），可参加B、C级创意赛考核。实际使用级别，以结业证申请级别为准。A级结业证书只作为A级结业证明使用，不可直接参加A级检定考核。

5. 严禁有高级别证书者，参加低级别赛事。一经发现或被投诉，协会核实无误者，取消本场次成绩并处以5年禁赛。

二、检定考试办法

1. 创意赛A、B、C各级分别进行检定比赛，依参赛人数多少安排参赛时间和顺序。

2. 检定比赛时间为120分钟，赛事开始60分钟后，将有10分钟的中场休息时间，仅供参赛犬只原地休整，选手不可随意离场，不可交流，不可使用手机，不可使用任何工具，若发现审查员有权做扣分处理。

3. 创意赛C级：除标准造型（含赛装）之外的任何创意造型均可，审查评定标准以运用剪刀基本功、对犬只的安全掌控、修剪后整体造型平整度、比例及综合平衡概念、创意度为主要考核标准。比赛现场不允许染色浮雕，不准为宠物穿服装和配饰，选手依照参赛作品的犬种可自由使用弯剪及牙剪，依据不同的造型使用电剪剃脚部、耳部，但身体部分不能使用电剪操作。

4. C级非纯种犬创意组

可参赛犬种：非纯种犬（串串狗）；

除标准造型（含赛装）之外的任何创意造型均可，审查评定标准以运用剪刀基本功、对犬只的安全掌控、修剪后整体造型平整度、比例及综合平衡概念、创意度为主要考核标准。比赛现场不允许染色浮雕，不准为宠物穿服装和配饰，选手依照参赛作品的犬种可自由使用弯剪及牙剪，依据不同的造型使用电剪剃脚部、耳部，但身体部分不能使用电剪操作。

5. 创意赛B级：在C级创意造型的规则基础上，参赛犬只局部需做染色（考前可预染但不能修剪开型，如需现场染色只能使用一次性染料染色），可以有小面积的浮雕、配饰或编织类的创意造型，允许各类美容工具材料的使用，但不允许配穿宠物服装。颜色备注：整个美容中只能使用1-2个颜色（黑色为基础色不计在2个颜色中），同一种颜色的不同深浅度归为一种颜色。（例如：深红色，浅红色为一种颜色，红色和橙色为两种颜色）。

6. B级整体造型组可参赛犬种：马尔济斯犬、西施犬、约克夏犬。

不可染色，需要佩戴饰品及穿戴服饰。审查重点在于长毛犬毛发护理情况、脸部和嘴部的修剪情况；同时审查员将对选手提问犬只日常的护理知识，桌上还需摆放与作品相应搭配的道具及背景。

7. 创意赛A级：参赛者至少在比赛开始前15天向协会提交报名申请，并提供创意设计图及犬只照片，供协会审核。经审核通过后，方可正式参赛。比赛开始前5日，必须向协会提供参赛者本人不少于5分钟的赛事作品染色过程视频，以供协会作为赛事当日审查员评分依据。完整的创意染色和宠物毛发雕刻作品（考前可以预染但不能修剪开型或喷胶，如需现场染色只能用一次性染料染色）允许配饰并使用各类美容工具、材料，不允许穿宠物服装。参赛者本人必须穿着与作品相呼应的服装到场，以便更好地展示作品。（A级参赛选手允许携同1名助手入场协助，但助手不可参加主要设计和修剪（助手姓名及照片需报名时间提交）。

8. A级混合犬组【暂未开放】

可参赛犬种：全犬种（纯种犬）；

不需要染色，修剪的过程及创意要符合犬只的结构，混合犬组比赛要按照其他犬种标准型做修剪，而不是按照各自的犬种标准做修剪。（例如：贵宾犬修剪成贝灵顿装型）。

9. 所有参赛作品的修剪和美容工具材料（如喷胶，上粉，装戴假毛等）的应用必须现场操作完成，检定前若犬只开型修剪明显、毛发长度不足或考前使用美容材料者，裁判有权做扣分处置或不予通过，严重者可取消参赛资格。

三、奖项设置

等级	组别	奖项
A级	主题创意造型组	最佳创意作品奖，最佳创意主题奖，最佳创意技术奖
A级	混合犬组	第一名，第二名，第三名
B级	创意染色组	最佳创意作品奖、最佳创意设计奖、最佳创意技术奖
B级	整体造型组	最佳造型奖、最佳创意奖、最佳配饰奖
C级	混种犬组	第一名，第二名，第三名
C级	C级萌宠组	第一名，第二名，第三名

裁判依据具体情况，评选 A 级、B 级各奖项人数及优秀奖若干

注：参赛者参加同一级别赛事两次以上，通过或获奖后均不申请证书者，一经发现或被投诉，协会核实无误者，本场次奖花奖项将作废处理、成绩取消，且严禁再次参加此级别考试，一经发现或被投诉，协会核实无误者，取消考试资格且报名费不退。

四、模特犬资格与条件

1. 创意赛 A 、B、C 级模特犬必须是出生 10 个月以上或 10 岁以下的美容犬只。

2. 创意赛 C 级萌宠组参赛犬种：全犬种

创意赛 C 级混种犬组参赛犬种：混种犬（串串狗）

创意赛 B 级创意染色组参赛犬种：全犬种

创意赛 B 级整体造型组参赛犬种：西施犬、马尔济斯、约克夏

创意赛 A 级主题创意造型组及混合犬组参赛犬种：全犬种

3. 所有模特犬可在赛前剃卫生和健康部位的毛（其中包含腹底、肛门周围及脚底），其余部分不得在赛前修剪。

4. 关于创意赛各级检定美容犬只毛的长度规定：

创意赛 A，B 级须离美容检定两个月以上不做任何修剪，背部及左右需 3 厘米上；

创意赛 C 级须离美容检定一个月以上不做任何修剪背部及左右两侧毛需 3 厘米以上。

5. 参赛选手需要在赛前完成犬只洗澡，吹干，做完基本动作（剪指甲 清耳朵）。

6. 考试中创意赛 C 级，胶水、吹风、粉一律不可使用，创意赛 AB 级不限制使用。

7. 本会会员不得代替他人参赛。一经查证属实，参赛者、代考者将被取消美容师资格并被请出场外亦不得要求退费。

五、证书申请

等级	A 级	B 级	C 级
申请价格	2 200 元	1 600 元	1 000 元

注意：

1. 赛后拍摄赏励照必须以本人现场申请的证书作为凭证。

2. 拍摄前出示证书，经工作人员核查后方可进入赏励照拍摄区域内拍摄。

3. 所有通过考核的参赛选手，可在自赛事举办之日起 1 个月内向 NGKC 宠物美容师俱乐部申请检定证书，过期成绩将被取消。

六、注意事项

1. 请参赛者严格按照比赛时间到达比赛场地做好准备工作。

2. 请各自保管好模特犬。

3. 参加检定考试所使用的工具请自备（包括充电式电剪，考试现场除备赛区外不备电线插座）。

4. 由于比赛赛环内不设电源设施，请参赛选手在备赛区完成所有吹毛动作。

5. 迟到者，如检定时间开始后就不得入场 以免影响他人之作业。如参加者未入场考试，组委会视为自动弃权，报名费不予退还。

6. 考试时间依人数多寡分配，变动由大会另行通知考生。

7. 请考生们将号码牌佩戴在正前方，工作人员会在检定考试前全面摄影和审核，保证赛事的公平公正。

8. 为了比赛公平性，请勿穿着带有学校标识的服装或者围裙。

9. 考试时间内，全程不允许使用手机，不允许佩戴线式或蓝牙耳机。一经发现按作弊处理，严重者取消此次成绩。

如您对本场赛事有任何疑问、建议或者投诉，可拨打电话：010-58449656/13011133609（微信同步）进行实名投诉或者建议。投诉者请提供相关视频、音频或者照片等证据，以便协会核实。

4-5：宠物护理与美容职业技能等级标准（2020 年 3.0 版）

前　言

本标准按照 GB/T 1.1—2009 给出的规则起草。

本标准起草单位：名将宠美教育科技（北京）有限公司、中国畜牧业协会、江苏农牧科技职业学院、山东畜牧兽医职业学院、黑龙江职业学院、甘肃农业大学、北京农业职业学院、黑龙江八一农垦大学、湖北生物科技职业学院、上海农林职业技术学院、辽宁农业职业技术学院、广西职业技术学院、福建农业职业技术学院、晋中职业技术学院、酒泉职业技术学院、黑龙江农业经济职业学院、绵阳农业学校、重庆三峡职业学院、娄底职业技术学院、台湾海洋科技大学、台湾大仁科技大学、北京名将犬业俱乐部有限公司、北京宠讯科技文化发展有限公司、湖北武汉优品道宠物美容师培训机构、上海信元动物药品有限公司、北京集宠国际贸易有限公司、上海昀缇企业管理有限公司、南京经典宠物有限公司。

本标准主要起草人：何新天、殷成文、王武、殷海鹰、林威宜（中国台湾）、李朝顺（中国台湾）、张雅如（中国台湾）、郑锫婷（中国台湾）、许锋、杨磊。

声明：本标准的知识产权归属于名将宠美教育科技（北京）有限公司，未经名将宠美教育科技（北京）有限公司同意，不得印刷、销售。

1 范围

本标准规定了宠物护理与美容职业技能等级对应的工作领域、工作任务及职业技能要求。

本标准适用于宠物护理与美容职业技能培训、考核与评价，相关用人单位的人员聘用、培训与考核可参照使用。

2 规范性引用文件

下列文件对于本标准的应用是必不可少的。凡是注日期的引用文件，仅注日期的版本适用于本标准。凡是不注日期的引用文件，其最新版本适用于本标准。

《中国畜牧业协会团体标准和编写指南》

《宠物美容师岗位技能等级标准》

《宠物驯导师国家职业标准》（试行）

NY/T 2143—2012 宠物美容师

NY 1870—2010 纯种犬预审稿

《AmericanKennelClubDogBreedStandard》（美国犬业俱乐部育种标准）

3 术语和定义

《中国畜牧业协会团体标准和编写指南》、NY/T2143-2012 宠物美容师和 NY1870-2010 纯种犬预审稿界定的以及下列术语和定义适用于本标准。

3.1 宠物护理与美容

是指使用工具及辅助设备，对各类宠物（可家养的动物）进行毛发（羽毛）、指爪、耳朵、眼睛、口腔等部位的清洁、修剪、造型及染色的过程。宠物的护理与美容不但能美化宠物外观，而且还能起到对宠物保健的作用，此外还应规范宠物的一些不良行为。

3.2 美容犬只分组

指美容考核比赛时考生带模特犬参加实操考试时的犬种分类，共分为四组：贵宾组、剪毛组、拔毛组、猎犬组。

3.3 贵宾组

包括的犬种：玩具贵宾犬、迷你贵宾犬。

3.4 剪毛组

也称“手剪组”，包括的犬种：比雄犬、西施犬（中国原生犬）、北京犬（中国原生犬）、博美犬、马尔济斯犬。

3.5 拔毛组

包括的犬种：迷你雪纳瑞、标准型雪纳瑞、西高地白㹴。

3.6 獚犬组

也称“猎犬组”，主要包括的犬种：可卡犬。

3.7 AKC

是“AmericanKennelClub”的缩写，中文：美国养犬人俱乐部。致力于纯种犬事业的非盈利组织，目前拥有全球最大的纯种犬注册管理系统。“AKC 全球服务”旨在向各国提供高质量的犬业权威培训服务的同时，提供其专业的赛事规则和基础构架。

3.8 Barkleigh

全球知名的宠物美容组织，该组织在欧洲的比利时、英国、荷兰、意大利、西班牙、法国、德国；美洲的美国、加拿大、阿根庭、波多黎各、智利、巴西以及澳大利亚均有合作的协会，Barkleigh 的亚洲事务由 NGKC 负责全面开展。

3.9 NGKC

是“NationalGeneralKennelClub”的缩写，中文：名将犬业俱乐部。2008 年成为美国“AKC 全球服务”项目的首位合作者，是国内犬业的领跑者，代表了目前中国犬业职业技能培训的最高水平。2013 年正式加入中国畜牧业协会，受农业农村部、中国畜牧业协会委托，进行考核认证颁发国家认可的宠物业职业技能鉴定等级证书，制定行业准入标准。NGKC 现包括两家公司：名将宠美教育科技（北京）有限公司和北京名将犬业俱乐部有限公司，共享相关知识产权。

4 适用院校专业

中等职业学校：宠物养护与经营、畜牧兽医、特种动物养殖等专业。

高等职业学校：宠物养护与驯导、宠物训导与保健、宠物临床诊疗技术、畜牧兽医、动物医学、动物药学等专业。

应用型本科学校：动物科学、动物医学、动物药学等专业。

5 面向职业岗位（群）

主要针对宠物店、宠物贸易公司、宠物食品及用品生产企业、宠物美容培训机构、宠物寄养服务机构、宠物医院、宠物养殖场、宠物医药生产企业、宠物媒体、宠物驯导学校等企业或机构，面向宠物美容师、宠物健康护理师、宠物照护员、宠物营养师、宠物饲育员、宠物食品烘培师、宠物医师助理、宠物心理辅导师、宠物赛事专员、宠物产品设计师、宠物产品销售员等岗位，从事宠物护理、宠物美容、宠物照护、宠物门店销售、宠物食品制作、宠物医疗、宠物驯导、宠物比赛、宠物摄影、宠物殡葬、宠物用品研发、销售与管理等专业技术工作。

6 职业技能要求

6.1 职业技能等级划分

宠物护理与美容职业技能等级分为三个等级：初级、中级、高级。三个级别逐次递进，高级别涵盖低级别职业技能要求。

【宠物护理与美容】（初级）：根据犬猫基础护理、洗护、美容流程的要求，熟知犬猫的身体结构、生活习性及性格特点，独立完成宠物基本造型等护理与美容服务项目作业，保持宠物的清洁卫生，维持宠物的健康。

【宠物护理与美容】（中级）：根据业务的要求，能独立熟练完成宠物生活妆造型、专业妆造型等护理与美容服务项目作业、使宠物与社会理念相融合，根据客户需求，进行宠物造型设计并对初级美容助理能实施培训和指导。

【宠物护理与美容】（高级）：根据业务的要求，能通晓并独立完成宠物的赛级妆造型修剪技术作业，对纯种犬血统认证及品种鉴定有相当造诣，能与客户保持长久联系并形成相互交流传递宠物知识，能对初、中级人员实施培训和指导，并能对宠物行业趋势和宠物市场供求情况做出分析判断。

6.2 基础知识要求

表 1 宠物护理与美容职业技能等级要求（通用要求）

工作领域	工作任务	职业技能要求
1. 职业道德与修养	1.1 职业道德和职业守则认知	1.1.1 能根据职业道德的知识，解释职业道德的定义和意义。 1.1.2 能根据职业守则的知识，自觉遵守中国宠物行业基本公约，保障宠物的福利。
	1.2 个人素养	1.2.1 能根据职业礼仪的要求，工作时的着装和发型要符合要求。 1.2.2 热爱宠物行业，喜欢动物，能对宠物有爱心、耐心和责任心，不能滥用诱物。 1.2.3 能在技能考试时以适当的行为举止对待宠物犬只。 1.2.4 能在考试时礼貌地对待考评员。
	1.3 自我管理	1.3.1 能根据服务心理的相关知识，与客户进行良好沟通，接受客户的信息与评价。 1.3.2 具有一定的判断能力、语言表达能力，色、嗅、触感官灵敏。

续表

2. 基础知识	2.1 宠物基础知识	2.1.1 能了解宠物的概念及分类。 2.1.2 能了解宠物发展史及相关宠物组织。 2.1.3 能了解宠物的品种及品种标准。 2.1.4 能了解宠物护理与美容的历史、宠物美容对宠物本身的影响及改变。 2.1.5 能了解牵犬技术与赛场知识。
	2.2 宠物专业知识	2.2.1 能了解宠物行为学的基础知识。 2.2.2 能了解宠物解剖学的基础知识。 2.2.3 能了解宠物的繁殖、饲养、疾控基础知识。 2.2.4 能了解宠物美容比赛评定规则。
	2.3 安全与环保知识	2.3.1 能了解接触陌生宠物的基本知识。 2.3.2 能了解犬（猫）舍的设计，并熟知环境卫生管理。 2.3.3 能了解环境保护相关知识。
	2.4 经营管理知识	2.4.1 能了解宠物店铺的经营与管理基础知识。 2.4.2 能了解宠物商品学基础知识。 2.4.3 能了解营销学及销售心理学基础知识。
	2.5 法律知识	2.5.1 能了解动植物检疫法相关知识。 2.5.2 能了解卫生防疫法规相关知识。 2.5.3 能了解所在地养犬管理相关规定。 2.5.4 能了解野生动物保护法的相关知识。 2.5.5 能了解消费者权益保护法的相关知识。

表 2 宠物护理与美容职业技能等级要求（初级）

工作领域	工作任务	职业技能要求
1. 制定宠物美容方案	1.1 评估宠物	1.1.1 能对宠物的价格、品种、品相等进行认定。 1.1.2 能对宠物的体型、外貌和健康状况做出初步评估。
	1.2 建立档案	1.2.1 能根据宠物的自身条件提供美容建议，与客户达成宠物美容形象定位。 1.2.2 能建立宠物的基础档案。
2. 宠物的生活管理	2.1 宠物的品种与标准	2.1.1 能了解常见宠物品种，即犬、猫、兔、龟、鸟等品种的特性。 2.1.2 能了解“犬”是家庭宠物的代表品种，能掌握普通犬种标准。 2.1.3 能掌握比赛或考核的犬只分组，即：贵宾组、剪毛组、拔毛组、猎犬组。

续表

2. 宠物的生活管理	2.1 宠物的品种与标准	2.1.4 能辨别贵宾组犬种：玩具贵宾犬、迷你贵宾犬。 2.1.5 能辨别剪毛组犬种：比雄犬、西施犬、北京犬、博美犬、马尔济斯犬。 2.1.6 能辨别拔毛组犬种：迷你雪纳瑞、标准型雪纳瑞、西高地白㹴。 2.1.7 能辨别猎犬组犬种：可卡犬。
	2.2 宠物的生理	2.2.1 能了解犬只、猫的肌肉及骨骼，皮毛护理、毛流走向、牙齿口腔结构。 2.2.2 能认识犬只和猫的各部位名称，并会使用方位术语。 2.2.3 能掌握犬只、猫的解剖结构图。 2.2.4 能基本掌握宠物的健康标准，了解宠物的基础疾病防治知识。
	2.3 宠物的繁殖与饲养	2.3.1 能了解宠物的繁育及纯种犬的血统登录知识。 2.3.2 能了解宠物的喂养常识，掌握宠物的营养需求和饲料配制。
3. 宠物的护理与美容	3.1 宠物的美容保定	3.1.1 能掌握宠物心理、行为知识及基本保定知识。 3.1.2 能掌握宠物驯导、牵犬的方法和原理。 3.1.3 能正确运用常用保定工具，熟练掌握常用保定方法。 3.1.4 能科学的驾驭与控制宠物犬。
	3.2 设备与技术工具的使用	3.2.1 能掌握常用的仪器设备工作原理，并能识别宠物护理与美容的专用设备。 3.2.2 能正确操作美容桌/支架/吊杆/吊绳。 3.2.3 能认识和使用宠物护理美容的修剪工具，包括直剪、弯剪、电剪（充电式）、针梳、排梳等。 3.2.4 能正确操作刀片，并规范放置，熟知使用风险的防范。 3.2.5 能掌握传统剪刀种类、真空剪的知识，并正确运用剪刀，能掌握正确的修剪姿势。 3.2.6 能正确使用针梳梳理被毛，梳理完成后，能再用排梳使全身顺毛，被毛没有毛结，并使梳理前后称重无差异。
	3.3 宠物的清洁美容	3.3.1 能了解宠物护理与美容的分类，不同类型犬种、猫的洗护方式。 3.3.2 能掌握不同品种的宠物洗澡步骤。 3.3.3 能正确操作宠物耳部、眼部、面部、脚底、趾甲、毛发的清洁护理。

续表

3. 宠物的护理与美容	3.3　宠物的清洁美容	3.3.4　能清洁宠物肛门与腹部区域、毛发洗护，使毛发干燥，能进行外形塑造。 3.3.5　能选择正确的梳刷工具，能正确掌握梳毛、拉毛和包毛的操作技术。 3.3.6　能操作所有品种的犬只、猫的清洁美容，能手动拔毛、拉毛、捆扎及做收尾工作。
	3.4　宠物的造型修剪	3.4.1　能掌握初级比赛或考核的犬种美容标准，并能认识宠物犬的萌宠妆和专业妆造型。 3.4.2　能掌握贵宾犬拉姆妆、泰迪创意造型和快速美容的修剪技术。 3.4.3　能掌握赛前对假模特犬的留毛长度要求，进行初步的修剪，各部分留毛长度能达到：身体外廓≥6 cm；两腿内侧可剪出≤0.5 cm空隙；额段分开，脸部和V领需要剃掉的部分留毛≥3 cm；下腹线留≥3 cm。 3.4.4　能掌握赛前对真模特犬的留毛长度>3 cm。 3.4.5　能把握初级宠物美容造型及各部位的美容线条要求，能掌握正确的运剪、剪毛及美容中的观察方式，能用大小电剪对宠物头部、颈部、前躯和后躯做造型修剪。 3.4.6　能在规定时间内按要求完成犬只美容，最终完成效果，能使宠物线条符合品种标准，左右对称，整体和谐平衡。 3.4.7　假犬要安装好眼睛、鼻子和尾巴。
	3.5　宠物的染色	3.5.1　能识别各种宠物染色用品和染色工具，并掌握使用方法。 3.5.2　能掌握宠物一次性染色技术。 3.5.3　能在规定时间内完成除标准妆造型（含赛妆）之外的创意造型。
	3.6　宠物的特殊美容和护理	3.6.1　能掌握幼犬、老年犬、妊娠犬、住院犬、猫的基础特殊护理技术。 3.6.2　能了解特殊美容情况——矫正美容。
4. 培训与管理	4.1　经营管理	4.1.1　能了解宠物店经营方式与管理模式的基本要素，掌握必要的店铺经营技巧。 4.1.2　能了解宠物店工作基本流程，熟知宠物的寄养、领养、保健、芳疗、鲜食、交配、殡葬等各项业务。

表 3　宠物护理与美容职业技能等级要求（中级）

工作领域	工作任务	职业技能要求
1. 制定宠物美容方案	1.1　评估宠物	1.1.1　能根据所掌握的宠物健康标准，判断宠物的健康状况。 1.1.2　能对宠物制定针对性的、使宠物融入社会的美容方案。
	1.2　制定方案	1.2.1　能根据市场信息向客户提出有效建设，并结合客户的意见修改调整美容方案。 1.2.2　能制定宠物个体美容方案。
2. 宠物的生活管理	2.1　宠物的品种与标准	2.1.1　能掌握主要宠物的鉴别方法及等级标准。 2.1.2　能正确掌握对所经营的主要宠物的品种、品质、等级的知识。
	2.2　宠物的生理	2.2.1　能深入了解宠物解剖、生理、病理、药理等知识。 2.2.2　能熟知宠物的健康标准，根据宠物毛色、精神判定宠物健康状况。 2.2.3　能掌握宠物的疾病预防与保健技术。
	2.3　宠物的繁殖与饲养	2.3.1　能掌握国内外犬只的血统认证标准。 2.3.2　能正确选择宠物饲料及保健品。 2.3.3　能根据宠物个体状况进行营养需求和饲料配制。
3. 宠物的护理与美容	3.1　宠物的美容保定	3.1.1　能熟练掌握各种宠物保定方法并顺利完成。 3.1.2　能与犬、猫进行良好的交流，在修剪及造型过程中能安全自如掌控宠物。
	3.2　技术工具的使用	3.2.1　能正确运用 11 种以上宠物美容工具。 3.2.2　能掌握部分赛级造型工具的使用。 3.2.3　能熟练掌握长毛犬、短毛犬的工具区分使用及护毛的基本技术。
	3.3　宠物的清洁美容	3.3.1　能掌握所有犬种和猫的清洁护理技术。 3.3.2　能正确处理各种情况犬的清洁护理。
	3.4　宠物的造型修剪	3.4.1　能掌握中级比赛或考核的犬种美容标准，并能认识宠物犬的赛级妆造型。 3.4.2　能掌握犬只萌宠妆和专业妆的修剪技术，专业妆包括：贵宾拉姆妆、专业比熊妆、专业㹴犬（雪纳瑞）妆和专业猎犬（可卡）妆。 3.4.3　能准确掌握参赛模特犬的资格与条件，模特犬赛前留毛长度及细节要求。

续表

3. 宠物的护理与美容	3.4 宠物的造型修剪	3.4.4 能熟练运用各种工具依据各犬种的专业造型妆要求，对造型宠物的头部、颈部、前躯、后躯等部位进行修剪。 3.4.5 能在宠物造型修剪中，结合对犬种标准的理解和运用，设计不同造型，做到对宠物美容的取长补短。 3.4.6 能按要求在规定时间内完成宠物造型，能使宠物修剪后整体造型平整度、比例，及综合平衡概念、创意度符合专业妆型要求。
	3.5 宠物的染色	3.5.1 能熟练运用胶水、吹风、粉等辅助工具对宠物进行造型。 3.5.2 能熟练掌握宠物永久染色技术。 3.5.3 能在规定时间内完成宠物染色造型，并富有创意。
	3.6 宠物的特殊美容与护理	3.6.1 能给常见长毛犬全身包毛。 3.6.2 能掌握简单的宠物服饰裁剪与制作。 3.6.3 能了解不同犬种立耳和断尾手术的时间、要求、方法以及术后护理常识。 3.6.4 能观察和记录住院宠物的基本生理参数，建立患病犬、猫的病历档案。 3.6.5 能保持住院宠物的清洁与美观。
4. 培训与管理	4.1 指导教学	4.1.1 能跟踪指导宠物护理与美容职业技能初级人员的训练工作。
	4.2 经营管理	4.2.1 能知晓宠物店经营管理模式，掌握基础经营技能。
	4.3 市场信息	4.3.1 能了解国家对宠物的最新政策及有关规定，能了解国外宠物行业的发展。 4.3.2 能通过采集宠物市场信息，对所在地区进行分析。

表 4 宠物护理与美容职业技能等级要求（高级）

工作领域	工作任务	职业技能要求
1. 制定宠物美容方案	1.1 评估宠物	1.1.1 能正确评估参赛犬只的身体结构、毛发特点和健康状况。 1.1.2 能从犬只静态、动态及运动并通过触摸了解犬只的优缺点，并能作基本描述。
	1.2 确定方案	1.2.1 能向客户普及正确的宠物美容知识。 1.2.2 能根据市场供需，与客户达成一致意见确定美容方案。

续表

2. 宠物的生活管理	2.1 犬种的品种与标准	2.1.1 能掌握国内、国际市场纯种犬的鉴别方法。 2.1.2 能掌握各种赛犬的评判标准。
	2.2 宠物的生理	2.2.1 能在比赛时对宠物进行急救处理。
	2.3 宠物的繁殖与饲养	2.3.1 能深入了解宠物遗传学、繁殖学、营养学、教育学等知识。 2.3.2 能对不同犬种进行血统认证及品种鉴定。 2.3.3 能根据赛前宠物需要制定特殊喂养计划。
3. 宠物护理与美容	3.1 宠物的美容保定	3.1.1 能在比赛时提高宠物的依赖性和稳定性。 3.1.2 能够顺利的与陌生犬只交流，并使其配合完成美容操作。
	3.2 技术工具的使用	3.2.1 能掌握所有宠物美容工具的使用及养护方法。 3.2.2 能熟练运用各种宠物美容工具独立完成对所有宠物犬的美容。
	3.3 宠物的清洁美容	3.3.1 能掌握宠物水疗、芳疗、穴道按摩的技术和方法。 3.3.2 能对赛级犬只进行系统专业的美容护理。
	3.4 宠物的造型修剪	3.4.1 能掌握高级比赛或考核的犬种美容标准。 3.4.2 能通晓流行犬种的赛级妆造型并掌握赛级修剪技术。 3.4.2 能准确掌握模特犬赛前留毛要求。 3.4.3 能在修剪过程中通过对犬种标准的理解，认识所修剪犬只的优缺点，对宠物美容的各项技法做到扬长避短。 3.4.4 能在规定时间内，按照要求完成宠物赛级造型，能使宠物修剪后整体造型极富创意度且完全符合赛级要求。
	3.5 宠物的染色	3.5.1 能设计适合宠物个体特征的染色造型。 3.5.2 能在规定时间内，按照要求完成宠物染色造型、极富生命力和艺术感。
	3.6 宠物的特殊美容与护理	3.6.1 能掌握各种犬正确的立耳和断尾方法。 3.6.2 能根据患病宠物的病况科学制定清洁、美容、饮食及运动方案。
4. 培训与管理	4.1 指导教学	4.1.1 能具体指导护理与美容职业技能初、中级人员的日常训练，纠正不规范的训练方法。 4.1.2 能系统的传授宠物护理与美容知识，具有编写教案能力。
	4.2 经营管理	4.2.1 能对宠物店的营销企划有深刻理解和实施能力。 4.2.3 能稳定维系一批客户。
	4.3 市场信息	4.3.1 能在广泛采集信息的基础上，对所宠物的供求信息情况做出分析判断。 4.3.2 能把握宠物产业的趋势与发展，对宠物的上下游产业链作市场预测。

4-6：宠物美容师岗位技能等级认证标准

宠物美容师岗位技能等级认证标准

国家人力资源和社会保障部教育培训中心

2006 年 3 月 1 日制定

2014 年 12 月 1 日修订

第一章　总则

1. 本规则适用于国家人社部教培中心宠物行业岗位技能培训项目（以下简称 SPET）宠物美容师资格考评认证。

2. SPET 宠物美容师资格考评认证由人社部教培中心宠物行业岗位技能培训项目专家评审委员会举办。

SPET 美容师资格等级由低至高分别为：初级、中级、高级、特级、大师级。

适用对象：从事或准备从事本职业的人员。

申报条件：

（1）具备初中以上文化水平，从事或准备从事本职业的人员；

（2）具备完全的民事行为能力；

（3）申请宠物美容师资格之前连续三年没有犯罪和经济违法行为。

考评方式：

（1）培训考评

（2）竞赛考评

——初级（具备以下条件之一者）：

（1）经本职业初级正规培训达规定标准学时数，并取得毕（结）业证书。

（2）连续从事本职业工作 1 年以上，经培训考评达到初级技能标准。

——中级（具备以下条件之一者）：

（1）经本职业中级正规培训达规定标准学时数，并取得毕（结）业证书。

（2）已经取得本职业初级证书，连续从事本职业工作 1 年以上，经培训考评或竞赛考评达到中级技能标准。

（3）连续从事本职业工作 2 年以上，经培训考评或竞赛考评达到中级技能标准。

——高级（具备以下条件之一者）：

（1）取得本职业中级证书后，连续从事本职业工作 1 年以上，经本职业高级正规培训达规定标准学时数，并取得毕（结）业证书。

(2) 大专以上毕业生在取得本职业中级证书后，并连续从事本职业工作 1 年以上，经培训考

评或竞赛考评达到高级技能标准。

(3) 取得本职业中级证书后，连续从事本职业工作 1 年以上，经培训考评或竞赛考评达到高级技能标准。

(4) 持有本项目认证组织相应级别证书，且连续从事本职业工作 2 年以上，经培训考评或竞赛考评达到高级技能标准。

——特级（具备以下条件之一者）：

(1) 取得本职业高级证书后，连续从事本职业工作 1 年以上，经本职业特级正规培训达规定标准学时数，并取得毕（结）业证书。

(2) 大专以上毕业生在取得本职业高级证书后，并连续从事本职业工作 1 年以上，经培训考评或竞赛考评达到特级技能标准。

(3) 取得本职业高级证书后，连续从事本职业工作 2 年以上，经培训考评或竞赛考评达到特级技能标准。

(4) 持有本项目认证组织相应级别证书，且连续从事本职业工作 3 年以上，经培训考评或竞赛考评达到特级技能标准。

备注：

申请大师级须具备以下条件：

1. 年龄满三十五周岁，从业 10 年以上。
2. 考取特级美容师资格证书五年以上。
3. 通过高级讲师资格认证。
4. 具备五年以上组织宠物美容教学经验。
5. 通过高级评审员认证。
6. 具有组织相关宠物美容师大赛经历。
7. 具有相关宠物美容书籍、教材、标准的编写工作经历。
8. 由行业相关协会及机构推荐，由专家评审委员会审定认证。

培训考评与竞赛考评方式：

宠物美容师分为理论知识考试和技能操作考核两部分。

理论知识是采用笔试方式，考试形式为闭卷，满分为 100 分，60 分及以上者为合格。

技能操作考核采用现场实际操作方式进行，技能操作考核分项打分，满分为 100 分，60 分以上者为合格。

各级考评犬种：（初级不在此列）

——中级（流行犬种宠物级造型）

标准型组：

（1）京巴犬 家庭装型

（2）西施犬 家庭装型

（3）博美犬 家庭装型

（4）可卡犬

（5）雪纳瑞犬

（6）贵宾犬 运动装型

（7）比熊犬

创意型组：

（1）京巴犬 夏装型 狮子装型

（2）西施犬 夏装型

（3）博美犬 夏装型（俊介装型）狮子装型

（4）可卡犬

（5）雪纳瑞犬 小驴装型 泰迪装型

（6）贵宾犬 泰迪装型

（7）比熊犬 泰迪装型

备注：

1、标准型家庭装要求修剪后，躯干毛发不得超过 5 cm 。创意型夏装要求修剪后，躯干毛发不得超过 3 cm 。狮子装躯干与四肢须使用电剪，四足保留靴子型状，头部、颈部、尾部须保留适量毛发。

2、创意型小驴装躯干须使用电剪，四肢保留适当毛发，头部、颈部、保留适量鬃毛，尾部适当修剪。

3、创意型泰迪装口吻部及头部须保留适量毛发并手剪成型，各种头部创意造型均被认可。躯干可选择使用电剪，但须手剪精修完成。

——高级（流行犬种实用精修造型）

标准型组：

（1）贵宾犬 欧陆装型 马鞍装型 芭比装型

（2）比熊犬

（3）西高地㹴犬

（4）苏格兰㹴犬

（5）贝林顿㹴犬

（6）松狮犬

（7）金毛犬

创意型组：

上述7个犬种的特殊创意造型，可以包括染色。

备注：

特殊创意造型指除标准型以外的任何造型，突出运用修剪及染色技术完成的的创意造型修剪。所有造型修剪须在赛场完成。

——特级（赛级造型）

修剪组

（1）贵宾犬 欧陆装型 马鞍装型 芭比装型

（2）比熊犬

拔毛组

（3）雪纳瑞犬

（4）猎狐㹴犬

竞赛考评模特犬要求：

1. 模特犬必须是出生十个月以上的美容犬种；

2. 对各犬种模特犬的详尽要求见《竞赛考评模特犬注意事项》；

考试前将对模特犬进行预审，模特犬的状态决定了考试的整体难度，最终以完成效果为评分依据。

考试须知：

1. 参加中级、高级、特级考评的考生，按照各级别考评犬种要求任选犬种进行考试。

2. 参加中级考评的学生，只需选择进行一组考评即可。创意型中的染色可作为加分因素计入评分。

3. 参加高级考评的考生，需进行两组考试，一组为标准型犬种考试，须完成赛级装造型修剪，㹴类犬可以使用电剪。另一组为创意型考试，须提交创意造型方案，根据自我方案，由评审裁定修剪及完成水平，染色作为加分因素可计入评分。如其中一组未通过考核，可保留已通过组的成绩三年，在三年中对未通过考核的组别进行补考，三年内两组考试都通过者，具备高级美容师申请条件。

4. 参加特级考评的考生，需进行两组考试，一组为剪毛犬种考试，另一组为拔毛犬种考试。

如其中一组未通过考核，可保留已通过组的成绩三年，在三年中对未通过考核的犬种进行补考，三年内两组考试都通过者，具备特级美容师申请条件。（特级考评过程中不得在背部使用电剪。）

笔试考试时间：1小时

实操考试时间：2小时

合格分数线：60分

比例关系：笔试 30%，实操 70%。

考试成绩：考试成绩当场公布。

竞赛考评报名费及证书费：

1. 中级、高级考试报名费为 300 元/人，特级考试报名费为 500 元/人。

2. 各级考试成绩通过者，将具备申领相应美容师等级证书的资格，申领须在考试完成半年内进行，逾期自动注销，成绩作废。

3. 美容师等级证书费用如下：

中级：600 元/张

高级：900 元/张

特级：1500 元/张

4. 美容师等级证书将在申领后三十个工作日内颁发。

附录5
宠物犬品种大全

超小型犬
（采用美国 AKC 标准）

吉娃娃

博美犬

马尔济斯犬

约克夏㹴

小型犬
（采用美国 AKC 标准）

贵宾犬

蝴蝶犬

巴哥犬

西施犬

西高地白㹴

卷毛比雄犬

北京犬

迷你杜宾

中国冠毛犬

杰克罗素㹴

哈瓦那犬

苏格兰㹴

刚毛猎狐㹴

拉萨犬

卡迪根威尔士柯基犬

比格猎犬

小型雪纳瑞犬

巴吉度犬

美国可卡犬

西藏猎犬

彭布罗克威尔士柯基犬

丝毛㹴

湖畔㹴

瑞典柯基犬

威尔士㹴

小型斗牛㹴

短毛猎狐㹴

意大利灰狗

帕尔森罗塞尔㹴

短脚长身㹴

西帕基犬

挪威㹴

罗秦犬

捷克㹴

锡利哈姆㹴

诺福克㹴

骑士查理王小猎犬

小型葡萄牙波登可犬

玩具曼彻斯特犬

玩具猎狐㹴

日本狆

澳大利亚㹴

爱尔兰谷㹴

猴头㹴

英国玩具犬

布鲁塞尔格里芬犬

迷你贝吉格里芬凡丁犬

博得猎狐犬

苏塞克斯猎犬

中型犬
（采用美国 AKC 标准）

哈士奇

松狮

边境牧羊犬

柴犬

法国斗牛犬

英国斗牛犬

萨摩耶犬

腊肠犬

斗牛㹴

猎兔犬

喜乐蒂牧羊犬

惠比特犬

贝灵顿㹴

拉布拉多寻回犬

大麦町犬

美国爱斯基摩犬

万能㹴

葡萄牙水犬

波利犬

中国沙皮犬

波士顿㹴

英国可卡犬

古代英国牧羊犬

凯利蓝㹴

澳大利亚牧羊犬

山地犬

西藏㹴

芬兰拉普猎犬

德国宾沙犬

澳大利亚牧羊犬

墨西哥无毛犬

斯塔福郡斗牛㹴

荷兰毛狮犬

冰岛牧羊犬

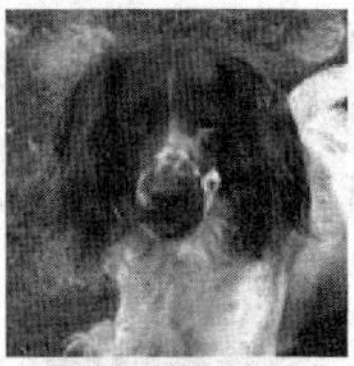
英国跳猎犬

爱尔兰㹴

挪威猎鹿犬

波兰低地牧羊犬

标准型雪纳瑞犬

巴仙吉犬

美国斯塔福郡㹴

粗毛柯利犬

芬兰波美拉尼亚丝毛狗

挪威布哈德犬

爱尔兰软毛㹴

美国水猎犬

布列塔尼犬

西班牙小猎犬

比利牛斯牧羊犬

新斯科舍猎鸭寻猎犬

捕鼠㹴

威尔士跳猎犬

田野小猎犬

博伊金猎犬

大型犬
（采用美国 AKC 标准）

藏獒

德国牧羊犬

卡斯罗

罗威纳犬

阿富汗猎犬

圣伯纳犬

金毛寻回犬

法老王猎犬

阿拉斯加雪橇犬

比利时牧羊犬

寻血猎犬

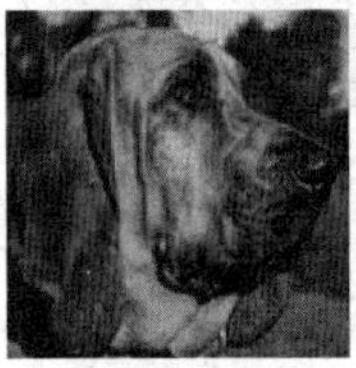
伯恩山犬

波尔多犬

柯利犬

斗牛獒犬

法国狼犬

英国猎狐犬

匈牙利牧羊犬

拳狮犬

罗得西亚脊背犬

爱尔兰雪达犬

奇努克犬

巨型雪纳瑞犬

维希拉猎犬

普罗特猎犬

威玛犬

爱尔兰水猎犬

美国猎狐犬

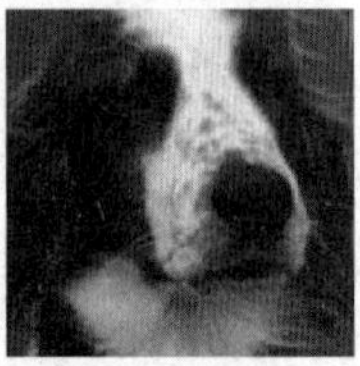
爱尔兰红白雪达犬

比利时马森诺斯犬

红骨猎浣熊犬

德国短毛波音达

戈登雪达犬

切萨波克海湾哥回犬

比利时特伏丹犬

猎水獭犬

卷毛寻回犬

迦南犬

弗莱特寻回犬

黑褐猎浣熊犬

德国硬毛波音犬

布雷猎犬

波兰德斯布比野犬

史毕诺犬

树丛浣熊猎犬

伊比赞猎犬

美国英国猎浣熊犬

布鲁克浣熊猎犬

英格兰雪达犬

硬毛指示格里芬犬

超大型犬
（采用美国 AKC 标准）

秋田犬

杜宾犬

大丹犬

大白熊犬

兰波格犬

纽芬兰犬

爱尔兰猎狼犬

苏俄猎狼犬

波音达

马士提夫獒犬

库瓦兹犬

萨路基猎犬

格雷伊猎犬

安纳托利亚牧羊犬

挪威伦德猎犬

黑俄罗斯㹴

苏格兰猎鹿犬

那不勒斯獒

大瑞士山地犬

凯斯㹴

附录6

宠物猫品种大全

暹罗猫

布偶猫

苏格兰折耳猫

英国短毛猫

波斯猫

俄罗斯蓝猫

美国短毛猫

异国短毛猫

挪威森林猫

孟买猫

缅因猫

埃及猫

伯曼猫

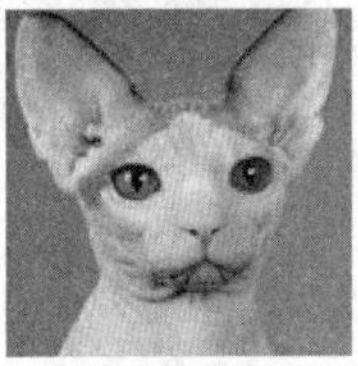
斯芬克斯猫

缅甸猫

阿比西尼亚猫

新加坡猫

索马里猫

土耳其梵猫

中国狸花猫

美国短尾猫

西伯利亚森林猫

日本短尾猫

巴厘猫

土耳其安哥拉猫

褴褛猫

东奇尼猫

柯尼斯卷毛猫

马恩岛猫

奥西猫

沙特尔猫

德文卷毛猫

呵叻猫

美国刚毛猫

哈瓦那棕猫

重点色短毛猫

塞尔凯克卷毛猫

波米拉猫

拉邦猫

美国卷毛猫

东方猫

欧洲缅甸猫